FIELD GUIDE TO DINOSAURS

恐龙王国

（修订版）

[美]史蒂夫·布鲁塞特（Steve Brusatte） 著

贾程凯 邢立达 译

U0341184

人民邮电出版社

北京

图书在版编目（ＣＩＰ）数据

恐龙王国：修订版 / （美）史蒂夫·布鲁塞特
(Steve Brusatte) 著；贾程凯，邢立达译. -- 2版. --
北京：人民邮电出版社，2020.7
　（终极探索）
　ISBN 978-7-115-53507-8

　Ⅰ. ①恐… Ⅱ. ①史… ②贾… ③邢… Ⅲ. ①恐龙—
普及读物 Ⅳ. ①Q915.864-49

中国版本图书馆CIP数据核字(2020)第040310号

版 权 声 明

FIELD GUIDE TO DINOSAURS: THE ULTIMATE DINOSAUR ENCYCLOPEDIA by STEVE BRUSATTE

Copyright: © 2009 by Quercus Publishing PLC

Published by arrangement with Quercus Editions Limited, through The Grayhawk Agency Ltd

Simplified Chinese edition copyright: 2020 POSTS & TELECOM PRESS Co., LTD.

内 容 提 要

本书介绍了曾经生活在三叠纪、侏罗纪和白垩纪时期的近 90 多种恐龙。不仅介绍了每种恐龙的身高、体重和栖息地等
基本信息，还通过巧妙的布局和 100 多张精美大图，形象地介绍了其攻击性和防御本领。更为有趣的是，本书以先进的摄影
设备和数码显示方式，带你一起去探秘，偷偷地观察它们，了解它们的生存环境与习性。

本书是观察地球上神奇的动物——恐龙的绝佳指南。让我们一起穿越时光，回到那个令人惊叹的王国去探秘吧！

◆ 著　　　　 [美]史蒂夫·布鲁塞特（Steve Brusatte）
　 译　　　　 贾程凯　邢立达
　 责任编辑　 李媛媛
　 责任印制　 陈 犇

◆ 人民邮电出版社出版发行　　北京市丰台区成寿寺路 11 号
　 邮编　100164　 电子邮件　315@ptpress.com.cn
　 网址　https://www.ptpress.com.cn
　 天津市豪迈印务有限公司印刷

◆ 开本：889×1194　1/16
　 印张：9　　　　　　　　　　　　2020 年 7 月第 2 版
　 字数：740 千字　　　　　　　　2020 年 7 月天津第 1 次印刷
　 著作权合同登记号　图字：01-2013-4959 号

定价：68.00 元
读者服务热线：(010)81055410　印装质量热线：(010)81055316
反盗版热线：(010)81055315
广告经营许可证：京东市监广登字 20170147 号

引言

请为这趟不可思议的探索之旅做好准备：在时光倒流的旅程中，我们将穿越三叠纪、侏罗纪和白垩纪，与曾在地球上漫步的最令人惊叹的动物相遇。恐龙出现在2.3亿年前，它们当时只是一些小型肉食类动物，随后演化成一系列让人眼花缭乱的物种，并统治地球达1.6亿年之久，直到一场突如其来的灾难结束了它们的统治。

在这次旅行中，你将近距离观察近90种恐龙，为保障安全，我们将搭乘一种配备了超高科技影像设备的装甲时光机。数据流和数码显示器会为我们提供这些动物的最新信息：从它们的身高、体重、栖息地和生活习性，到它们强大的攻击防御系统，这些汇集而成的信息使本书成为一本内容丰富的恐龙图鉴。

观察指南

专为看一眼就能快速轻松识别几种恐龙而设计，这些页面上的关键信息能帮助你准确分辨出外形相似的恐龙的不同特征。

坐在前排

我们乘坐的时光机可提供几种不同的方式来观察恐龙。首先，借助车辆坚固的钢甲，你可以安全地待在车内，透过钢化玻璃窗，靠近恐龙令人毛骨悚然的锋利的牙齿和有力的爪子。

数码显示器

当恐龙出现时，你能通过查看翻盖式数码屏幕获得眼前恐龙的基本信息。

化石发现

想知道某种恐龙是在哪里被发现的吗？这个方框中的信息将告诉你古生物学家发现这些骨骼化石的地点。

位于世界何处

说明恐龙曾生活过的大陆是如何漂移的。

攻击性和危险程度

可以在这里查看某种恐龙的危险程度。头骨图标数量从1个（没有攻击性）到5个（具有极度危险的攻击性）表示危险程度等级逐渐上升。

透过潜望镜

　　另一种在时光机中观察恐龙的方式是使用高科技的潜望镜。透过强大的镜头，你能看到动物皮肤上的毛孔、眼中邪恶的目光、垂涎三尺的颌部以及随时准备捕食的样子。相比之下，连大灰狼都要显得温顺许多。

关键特征

　　使用潜望镜的放大功能研究细节方面的差异，例如头部的嵴，并通过弹出的方框了解它们的异同。

风险程度

　　知道何时走出时光机才是安全的十分重要。若"潜在风险"方框中提示的头骨数量有3个或更多，还是老实待着吧。

有多接近

　　测距仪类似于雷达测速枪，通过指向一个动物来测量它的速度和运动轨迹。当附近有恐龙游荡时，要把测距仪放在手边。

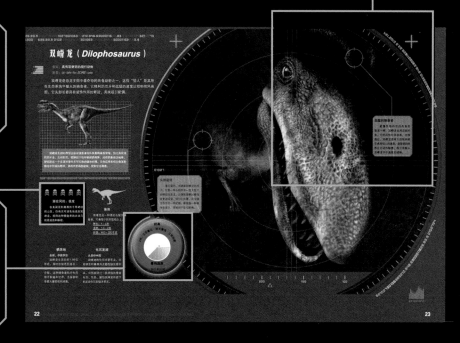

相机拍摄

　　探险家们总是需要记录他们去过的地方和所见到的场景。采用计算机信息处理技术的转台照相机可以满足这一需要。

近距离

　　鳞片还是皮肤？斑点还是条纹？当你像这样近距离地观察时，你就能获得这些细节的确切信息。

转台观察

　　是否厌倦了总是盯着恐龙看？想确切了解它们的栖息地，以及它们在其中如何生活的吗？那么就踏入时光机的转台，尝试从高处观察，你将会看到这些动物在它们独特的生态系统中的相互作用，它们的食性和习性也将一目了然。

有多大

　　通过查阅体形方框，你能获得正观察的恐龙的基本测量数据。

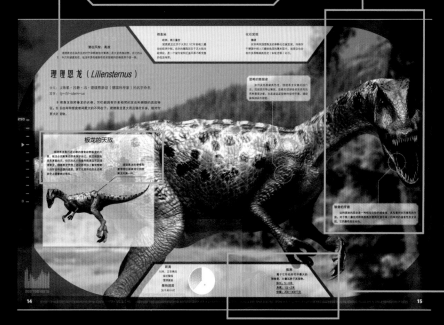

3.9 10273 1027301063 210.948.63000116 .83.90102734621027301063 89210.
.9 0102 134621 0 301063 9210.948. 30001162 8.83.9

时光倒流之旅

中生代的时光之旅能让你穿越到恐龙所统治的1.6亿年，历经三叠纪、侏罗纪和白垩纪。那时的世界和现在很不一样，随着气候变暖，许多地区变得更加干旱，大陆逐渐分离漂移。在恐龙所统治的大多数时间里，其物种遍布世界各地，时光旅行者可以将自己传送到任何地方，去看看那些地球家园中曾出现过的奇妙动物。

三叠纪

三叠纪（2.51亿~1.996亿年前）的世界和现今是完全不同的景象。地球上所有的陆地汇聚在一起，形成了一个被称为"泛大陆"的单独的超大陆，其中心位于赤道附近。当时气候炎热多尘，荒凉的沙漠吞噬了泛大陆内部许多土地。恐龙正是在这种恶劣的环境下完成了最初的进化，同时伴随着它的还有哺乳类、鳄类和龟类。许多最初的恐龙，例如始盗龙，都是用两足快速奔跑的小型猎食者。后来，它们演化成一系列外表和体形奇特的动物。

侏罗纪

曾经辽阔的超大陆——泛大陆，在侏罗纪（1.996亿~1.455亿年前）期间开始破碎分裂。在这期间，恐龙生活在漂移的陆地上，并与变化中的地球一同演化。气候仍然温暖，但湿润许多，许多三叠纪时的沙漠成为往事。侏罗纪是巨型恐龙的时代，在当时，能见到许多大型植食性蜥脚类在隆隆的脚步声中缓缓前行。

恐龙统治地球的时期

中生代（约2.5亿~6500万年前）分为三叠纪、侏罗纪和白垩纪。恐龙在这期间生活在世界各地，但我们的旅行主要关注那些有趣的种类。例如，在三叠纪，一系列早期恐龙栖息于阿根廷郁郁葱葱的河流地区以及美国西南部的干旱荒原。这些恐龙包括了腔骨龙——一种优雅的捕食者，善于群体行动。随后，在侏罗纪，中国、非洲地区，尤其是美国西部成为一些奇特的巨型恐龙的家园。其中体形最大的是蜥脚类恐龙，例如腕龙和梁龙，以及凶猛的兽脚类异特龙。大约在1.5亿年前，这三巨头与其他50多种恐龙共同生活在美国西部温暖湿润的莫里逊

印度期 2.51亿~2.495亿年前	奥伦尼克期 2.495亿~2.459亿年前		安尼期 2.459亿~2.37亿年前	拉丁期 2.37亿~2.287亿年前		卡尼期 2.287亿~2.165亿年前	诺利期 2.165亿~2.036亿年前	瑞替期 2.036亿~1.996亿年前		赫唐期 1.996亿~1.965亿年前	辛涅缪尔期 1.965亿~1.898亿年前	普林斯巴期 1.898亿~1.83亿年前	托阿尔期 1.83亿~1.756亿年前		阿林期 1.756亿~1.716亿年前	巴柔期 1.716亿~1.677亿年前	巴通期 1.677亿~1.647亿年前	卡洛夫期 1.647亿~1.612亿年前		牛津期 1.612亿~1.556亿年前	钦莫利期 1.556亿~1.508亿年前	提塘期 1.508亿~1.455亿年前
早三叠世 2.51亿~2.459亿年前			中三叠世 2.459亿~2.287亿年前			晚三叠世 2.287亿~1.996亿年前				早侏罗世 1.996亿~1.756亿年前					侏罗纪中期 1.756亿~1.612亿年前				晚侏罗世 1.612亿~1.455亿年前		

三叠纪 2.51亿~1.996亿年前 **侏罗纪 1.996亿~1.455亿年前**

010273462102730106389210.948.6300011628.83.9 010273462102730106389210.948.6300011628.83.9 010273

中生代恐龙的体形差异很大，体长能从与鸡差不多大到接近足球场的长度。一些食肉，另一些以植物为食；一些群居，另一些喜欢独处。还有一些，就像小盗龙（右图），则进化成为鸟类。

白垩纪

大陆在白垩纪（1.455亿~6550万年前）期间继续分离漂移，到这一时期结束，当时的世界看起来已经和现在很相似了。许多为人熟知的恐龙，包括霸王龙和三角龙，开始在温暖湿润的气候中繁衍生息。

生态系统(以科罗拉多莫里逊镇命名，该地区现已成为著名的化石产地。保存化石的岩层，在地质学上称为莫里逊组)。

白垩纪是恐龙物种高度分化的时期。早白垩世期间，南美和非洲曾经游荡着一些地球生命史上最大的掠食者：棘龙与南方巨兽龙。白垩纪的最后阶段，北美生活着一些为我们所熟知的恐龙，例如霸王龙和三角龙，它们一直生存到一颗毁灭性的小行星撞击地球的时候，此次撞击也使恐龙时代最终落幕。它们的化石被发现于蒙大拿州著名的地狱溪组地层，该地层因流经美国西部的地狱溪而得名。

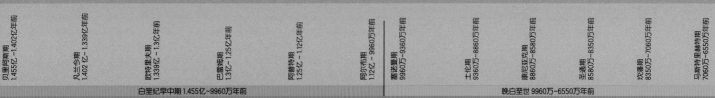

贝里阿斯期
1.455亿~1.402亿年前

凡兰今期
1.402亿~1.339亿年前

欧特里夫期
1.339亿~1.3亿年前

巴雷姆期
1.3亿~1.25亿年前

阿普特期
1.25亿~1.12亿年前

阿尔布期
1.12亿~9960万年前

塞诺曼期
9960万~9360万年前

土伦期
9360万~8860万年前

康尼亚克期
8860万~8580万年前

圣通期
8580万~8350万年前

坎潘期
8350万~7060万年前

马斯特里赫特期
7060万~6550万年前

白垩纪早中期 1.455亿~9960万年前

晚白垩世 9960万~6550万年前

白垩纪 1.455亿~6550万年前

目　　录

三叠纪的恐龙

2.51亿~1.996亿年前

　　荒凉的沙漠，凶猛的沙暴，难挨的干旱——晚三叠世的世界可不是一个气候适宜的地方。这一时期的原始恐龙依靠速度、机智和温血新陈代谢机制等因素的紧密结合而得以生存。由于世界上的陆地互相连接，形成一个单独的超大陆（即泛大陆，意为"所有的陆地"），故体形苗条的捕食者，如腔骨龙，可以在这块大陆上自由穿行游荡。

　　酷热让这块广阔的陆地内部渐渐开始失去生机，暴发的洪水则不断冲击着海岸。在这种恶劣的气候条件下，如何提防潜伏着的大型捕食者（如鳄类的早期近亲，劳氏鳄）显得尤为重要。极少有恐龙在体能上胜过这些凶猛的"猎人"，但它们可以依靠机智取胜或者迅速逃脱。其他早期的恐龙，如体形庞大、长脖子的蜥脚类原始祖先（如鼠龙）和两足行走的植食性鸟臀目恐龙（如畸齿龙），则凭借它们敏锐的感觉来避免落入捕食者手中。

.83.9 01027346 1027301063 89210.948.63000116 28.83.9 01027346210273
00 00 628.83.9 0102273462102 301063 389210.948 30001162 28.3.99

腔骨龙（*Coelophysis*）

含义："中空的结构"，即指它的骨骼具有中空结构

发音：*see-low-FYSS-iss*

腔骨龙是一种小型的捕食者，乍看之下显得很温驯，但它的外表是具有欺骗性的。腔骨龙的重量远小于一个成年男子，这种兽脚类恐龙是一种苗条的肉食动物，其擅长的小型群体捕猎方式在猎物面前势不可挡。

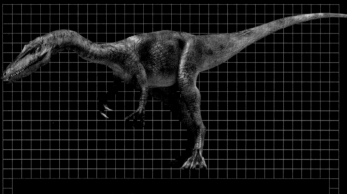

腔骨龙是最原始的兽脚类恐龙。不同于其他更进步的远亲，它没有任何怪异的适应特征，如霸王龙匕首状的牙齿或恐爪龙致命的利爪。但是，它极速奔跑的能力远远超过大型植食性猎物。

00273019210001010100273019210001015101573019210001015

潜在风险：中度

腔骨龙远比它优雅外表所表现得危险。它拥有捕食者所需的全部"武器"：数目众多的锋利牙齿，敏锐的视力，除此之外，还占据速度和敏捷性的优势。

体形

腔骨龙属于体态轻巧的小型恐龙，但却强壮而凶猛。

体长：2~3 米

身高：0.5~1 米

体重：25~75 千克

栖息地

全球，晚三叠世

腔骨龙生活在2.15亿~2亿年前，当时世界上的陆地汇聚成泛大陆。腔骨龙可以在整个地球任意穿行，但更常出没于干旱的沙漠地区。

化石发现

北美、非洲和中国

腔骨龙化石在美国西南部的上三叠统地层中较为常见。人们在美国新墨西哥州的一处化石点发现了数百具腔骨龙化石，它们因河水暴涨而被群体掩埋，从而形成化石。

生肉切刀

腔骨龙的颌部长着50多颗细小、锋利的牙齿，能很好地刺穿猎物的肌肉。吻端的牙齿向后弯曲，在撕咬猎物的皮肤和肌肉时更具惊人的效果。

距离

3米左右，正在靠近·接近警报·立即离开该区域

最快速度
40千米/小时

恐怖利爪

　　如同所有肉食性恐龙一样，腔骨龙前肢掌部也有指头。前三指具有实用功能，所有指头能组合成一只肌肉发达的利爪，指头末端具有镰刀状的爪。

潜在风险：高度

理理恩龙在其所处的时代和栖息地中算得上是大型肉食动物。在它的尖牙、利爪和速度面前，板龙和其他植食性恐龙脆弱的防御显然不值一提。

栖息地

欧洲，晚三叠世

理理恩龙生活于大约2.1亿年前晚三叠世的欧洲中部。此时的德国还位于泛大陆内陆深处，是一个被河流和泛滥平原不断充塞的低洼地带。

理理恩龙（*Liliensternus*）

含义：以雨果·吕勒·冯·理理恩斯坦（德国科学家）的名字命名

发音：*lily-IN-stern-us*

理理恩龙是腔骨龙的近亲，它们都具有许多相同的攻击和捕猎的适应特征。但是这两种猎食者间最大的不同在于：理理恩龙更大而且强壮许多，能对付更大的猎物。

250

0

板龙的天敌

理理恩龙是行进迟缓的植食动物板龙的大敌，板龙必须聚集成群来保护自己。板龙前肢也具有厚重的爪，但爪的大小和锋利程度远不及理理恩龙。理理恩龙凭借上述优势再加上富有穿刺力的牙齿和迅捷的速度，使它在其所处的生态系统中占据着统治地位。

理理恩龙的脊椎和腰带特征都表明它同腔骨龙同属一科。

距离

10米，正在靠近

接近警报

慢慢撤退

最快速度

35千米/小时

0027301920

化石发现

德国

仅有两具理理恩龙的骨骼化石被发现，均保存于德国中部上三叠统地层的薄夹层中。该层位也含有许多原蜥脚类恐龙（如板龙等）化石。

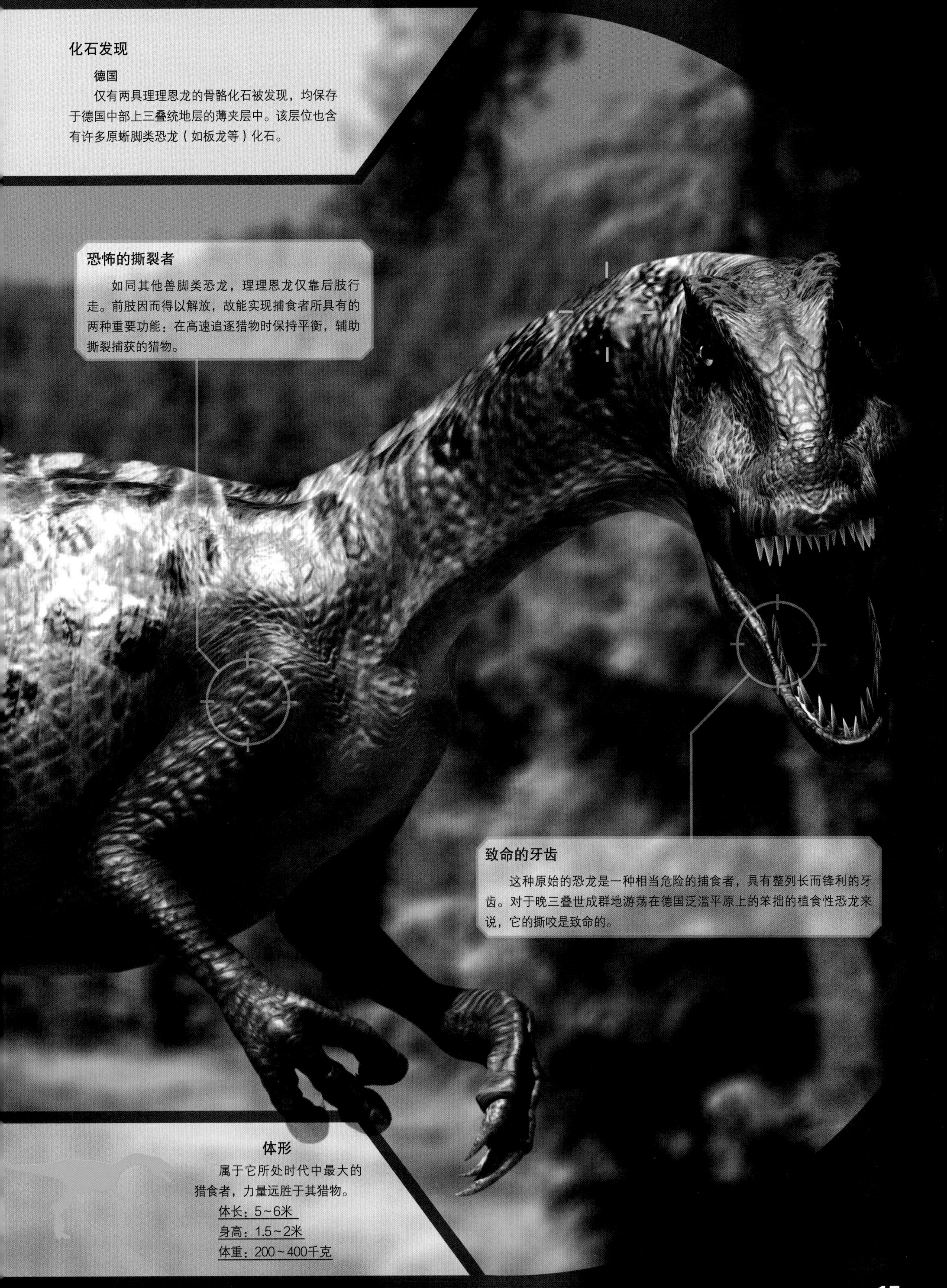

恐怖的撕裂者

如同其他兽脚类恐龙，理理恩龙仅靠后肢行走。前肢因而得以解放，故能实现捕食者所具有的两种重要功能：在高速追逐猎物时保持平衡，辅助撕裂捕获的猎物。

致命的牙齿

这种原始的恐龙是一种相当危险的捕食者，具有整列长而锋利的牙齿。对于晚三叠世成群地游荡在德国泛滥平原上的笨拙的植食性恐龙来说，它的撕咬是致命的。

体形

属于它所处时代中最大的猎食者，力量远胜于其猎物。

体长：5~6米

身高：1.5~2米

体重：200~400千克

体形

一种常见的植食性恐龙，个头比同时代的猎食者稍大。

体长：6~10米

身高：1.5米

体重：500~700千克

☠ ☠ ☠ ☠ ☠

潜在风险：低度

板龙是一种植食性恐龙，没有太大威胁，但当受到威胁时，它也会对猎食者采取防御性的攻击来保护自己。

咀嚼专家

板龙的头骨构造适于咀嚼和吞咽大量的植物。它的牙齿呈叶片状，具有粗糙的突起，能让它快速进食。板龙有时也以昆虫为食。

化石发现

欧洲，晚三叠世

在2.15亿~2亿年前，板龙是晚三叠世欧洲中部最常见的恐龙。如今，它的化石数量众多，是科学界最为了解的恐龙之一。

板龙（*Plateosaurus*）

含义：平板状的蜥蜴

发音：*OLAT-eo-sore-uss*

如果你穿越欧洲中部的德国盆地，你将会发现板龙是一种常见的恐龙。这种筒状身躯的植食性原蜥脚类恐龙常常数以千计成群结队地活动。数量如此庞大的群体活动，对抵御理理恩龙这种凶残的猎食者来说，是一种必要的保护。

体形

体长：5~7米

身高：1.25~1.75米

体重：300~500千克

这种中等大小的植食性恐龙能用其躯体进行防护。

独特的姿势

埃弗拉士龙后肢站立起来能够到树木，但当它逃离捕食者时能够用四肢奔跑。

☠ ☠ ☠ ☠ ☠

潜在风险：低度

埃弗拉士龙如同板龙，通常情况下是一种性情温和的植食性恐龙，具有较小的威胁。然而，当它受到威胁时，会用自己庞大的身体来保护幼仔并抵御捕食者。

化石发现

欧洲，晚三叠世

德国上三叠统地层中发现了多种原蜥脚类，埃弗拉士龙是其中之一。这段时期气候温暖，郁郁葱葱的泛滥平原能够维持大量的植食动物在这里繁衍生息。

埃弗拉士龙（*Efraasia*）

含义：以德国科学家埃伯哈德·弗拉士的名字命名

发音：*e-FRAAS-e-uh*

埃弗拉士龙是板龙的近亲。和它的近亲一样，埃弗拉士也常在德国泛滥平原上大规模成群地活动，在低矮的树丛中啃食树叶。埃弗拉士龙的体形比其近亲稍小，种群数量要少很多。但是，这两种原蜥脚类恐龙都一直处于被于理理恩龙攻击的危险中。

☠☠☠☠☠

槽齿龙是体型最小、性情最温顺、行动最柔缓的恐龙之一。它有具有任何危险性。

槽齿龙（*Thecodontosaurus*）

含义：牙齿长在牙槽里的蜥蜴

发音：*the-ko-DON-to-sore-uss*

槽齿龙是蜥脚亚目中体型最小且最原始的成员。蜥脚类恐龙包括了体形巨大、具有长脖子的植食性恐龙，例如腕龙和梁龙。由于槽齿龙的体重还不及一个5岁儿童，这种小型植食性恐龙常将小型洞穴当作自己的窝，以躲避捕食者。

这种恐龙属于体形极小的植食性恐龙，很少能有超过中等大小的狗的个体。

体形

体长：1~1.5米

身高：20厘米

体重：18~44千克

化石发现

欧洲，晚三叠世

槽齿龙相信待在洞穴里是安全的，但这些黑暗潮湿的藏身之所有时会突然坍塌，将这些温顺的植食性恐龙掩埋。它们的化石最早被发现于英格兰南部布里斯托尔附近的洞穴遗迹中。

远方近亲

里奥哈龙与板龙的亲缘关系很近，但两者栖息地相距甚远，这个结论显得有些奇怪。然而，在三叠纪，世界上所有大陆都是连在一起的，这让动物在地球上的迁徙变得相对容易。

体形

体长：9~11米

身高：2.25~2.75米

体重：500~800千克

里奥哈龙是其所处环境中最大的动物。

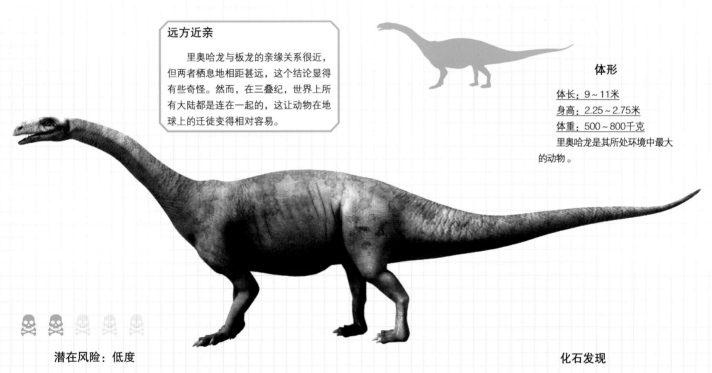

☠☠☠☠☠

潜在风险：低度

里奥哈龙是一种性情温和的恐龙，除非它觉得受到了威胁，这时候其他动物一定要小心，以免被它庞大的身躯压成肉饼。

里奥哈龙（*Riojasaurus*）

含义：以阿根廷拉里奥哈省的名称命名

发音：*re-o-hah-SORE-uss*

里奥哈龙是晚三叠世最大的陆地动物之一，它体形笨重，仿佛一台专门进食植物的机器，栖息于阿根廷干旱的森林中。它也是一种原蜥脚类恐龙，但不同于槽齿龙，它无须躲避捕食者。相反，它能以庞大的躯体进行防护，与敌人进行对峙。

化石发现

阿根廷，晚三叠世

当时人们在阿根廷上三叠统地层中已发现20多具里奥哈龙的骨架化石，这让它成为该时期最著名的恐龙之一。它脖子部位的长颈椎使它有别于该区域的其他原蜥脚类恐龙。

CX: 08
W: 0.7
G: 1.4
40

00:00:00

外形变化

与成年个体相比，鼠龙幼仔长着大脑袋、大眼睛和较圆的吻端。鼠龙长大后，外形会发生显著的变化。

化石发现

阿根廷

这种古怪的原蜥脚类来自于晚三叠世的阿根廷。这里发现了大量细小脆弱的鼠龙幼仔骨骼化石。这是当时科学家们发现的最小的恐龙化石。

栖息地

阿根廷，晚三叠世

大约2.1亿年前，鼠龙是几种植食性恐龙中唯一生活在南美地区的，当时该区域的气候非常干燥。

潜在风险：中度

成年鼠龙通常是平静的，除非其幼仔受到掠食者威胁。在这种情况下，成年鼠龙会为了救幼仔而进行反击。

体形

鼠龙属于中型恐龙，但其幼仔弱小，需要不断呵护。

体长：3～5米（成年个体）

身高：0.75～1.25米

体重：80～120千克

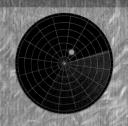

鼠龙（*Mussaurus*）

含义：像老鼠的蜥蜴

发音：*muh–SORE–uss*

　　"像老鼠的蜥蜴"从字面上看，对于一只恐龙来说，看起来或许有些奇怪，但鼠龙的确是另一种植食性原蜥脚烦恐龙。这个奇怪的名字主要是指它刚孵化出的幼仔，其个头很小，温顺而且很无助。

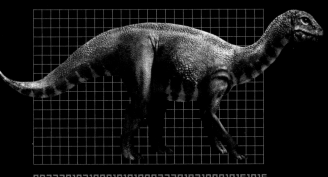

002730192100010101000273019210001015101 5

　　鼠龙是植食性原蜥脚类中板龙、埃弗拉士龙和里奥哈龙的近亲，其成年个体的长度能够达到5米，这种大小的体形已经能够抵御捕食者。另一方面，刚孵化的幼仔仅约20厘米长，还有及一只豚鼠的大小。鼠龙幼仔在脆弱的成长初期，必须由成年个体细心保护。

强壮的成年个体

　　成年鼠龙是一种强壮的动物，它们既能用四肢奔跑，也能用后肢站立——以便够到树的高处。另一方面，鼠龙幼仔的四肢很虚弱，只能依靠成年鼠龙将食物带回巢中喂食，就像许多雏鸟那样。

距离

2米，正在接近

接近警报

保持静止

最快速度

10千米/小时

攻击性：无

　　鼠龙除了相对大的身体外，没有任何攻击性，但若任何捕食者试图攻击其无助的幼仔，它就会发起反击。

01027346210211628.83.9 01027346210273010063   210.948.63000116   .83   621   7
30106389210.948.6300   628.83.9 0102 345210   301063   .0 342 30

侏罗纪早中期的恐龙

1.996亿～1.612亿年前

　　三叠纪恶劣的气候和令人生畏的鳄类捕食者，如今都已远去——消逝在全球气候愉速变暖所引起的浩劫中。这次大灭绝使许多威胁早期恐龙生存的捕食者灭亡，拉开了侏罗纪的序幕。在这种情况下，大自然给予了恐龙空间和自由，使其进化出一系列不同的体形和外表。三叠纪的恐龙体形小，具有较相似的骨架，但侏罗纪早中期的情况与之截然相反：生活着一系列奇异的动物，从丑陋的肉食动物到体重将近500吨的长颈蜥脚类恐龙。恐龙再无须面对干旱和洪水，开始在各自不同的生态系统中占据统治地位。泛大陆这个超大陆渐渐分裂为较小的陆地，每块陆地都生活着独特的恐龙，对探险家来说，他们可以在多个不同的地域展开令人兴奋的探索了！

双嵴龙（*Dilophosaurus*）

含义：具有双脊冠的爬行动物

发音：*di-loh-fo-SORE-uss*

双嵴龙是恐龙王国中最奇特的肉食动物之一。这位"猎人"是其所在生态系统中最大的捕食者。它锋利的爪牙和迅猛的速度让猎物闻风丧胆。它头部长着具有装饰作用的脊冠，用来吸引配偶。

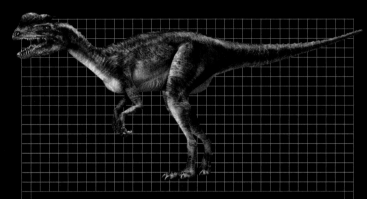

双嵴龙头部的脊冠让这位捕食者的外表显得有些滑稽，但它具有锋利的牙齿、尖锐的爪、狡猾的个性和敏捷的身体，这些因素组合起来，便创造出一个在其环境中无可匹敌的猎杀机器。没有证据表明它像某些描述中所说的那样，具有肉质颈部装饰，或能吐出毒液。

002730192100010101000273019210001015101573019210001015

潜在风险：极度

在美国亚利桑那州干旱崎岖的山区，你将无可避免地遇到双嵴龙。抵御这种捕食者的办法只能是逃跑和躲藏。

体形

双嵴龙是一种强壮凶猛的捕食者，可凌驾于任何猎物之上。

体长：5～6米

身高：1.5～2米

体重：400～500千克

栖息地

全球，早侏罗世

双嵴龙生活在约1.95亿年前，那时的陆地仍连在一起，构成泛大陆，但已开始分裂。这种捕食者的分布范围可能遍布世界，尤其喜好有着大量猎物的环境。

化石发现

北美和中国

双嵴龙的化石非常罕见。在美国亚利桑那州北部的纳瓦霍印第安人保留地曾发现少量碎片标本。中国发现过一具单独的骨架化石。但是，疑似双嵴龙所留下的足迹化石却较为常见。

01027

头部装饰

毫无疑问，这就是双嵴龙的样子。它是一种头部具有一组大型片状脊冠的恐龙。从侧面观察时脊冠会更加明显，但它们太薄，无法被当作任何一种武器。脊冠是一种装饰性展示，常被用于吸引配偶。

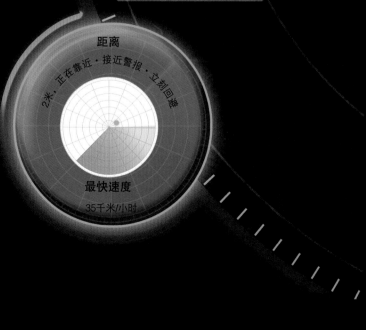

距离

2米·正在靠近·接近警报·立刻回避

最快速度

35千米/小时

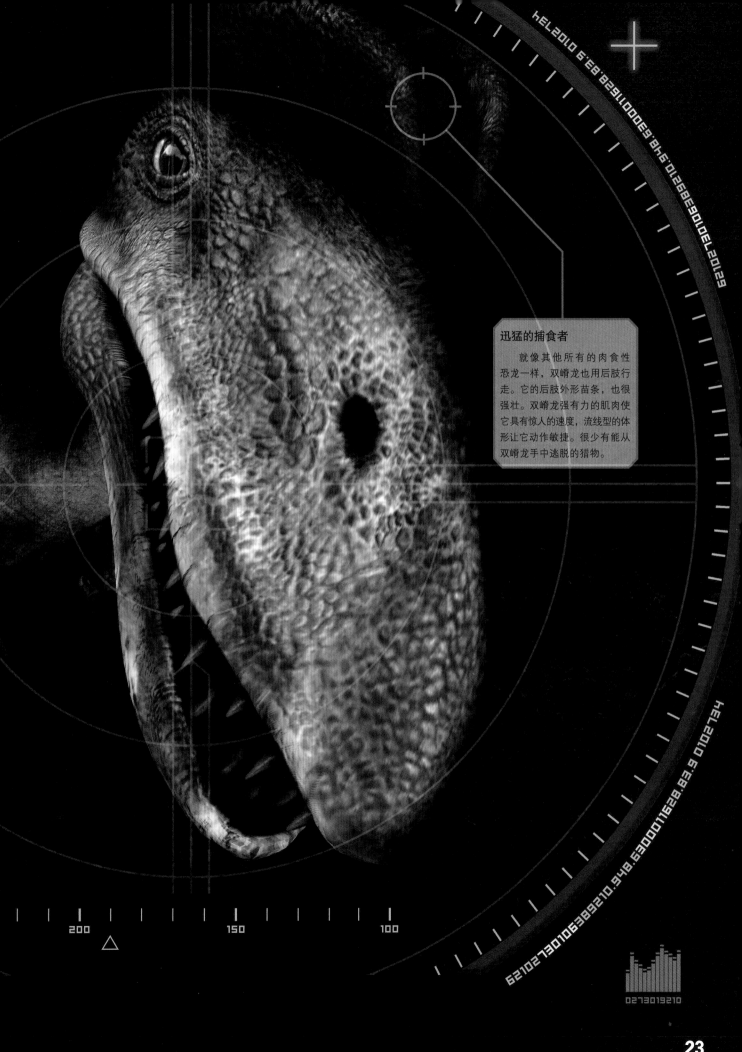

迅猛的捕食者

　　就像其他所有的肉食性恐龙一样,双嵴龙也用后肢行走。它的后肢外形苗条,也很强壮。双嵴龙强有力的肌肉使它具有惊人的速度,流线型的体形让它动作敏捷。很少有能从双嵴龙手中逃脱的猎物。

0102734621027901063892109486300011628.83.9 01027346210273010638921094863000
011628.83.9 01027346210273010638921094863000011628.83.9 01027346210273010638521094863000
10.948630001628.83.9 010273462102730106389210.948630001628.83.9

350

5°

122

CX: 02
W: 0.1
G: 1.4
40

00:00:00

化石发现

南极洲

冰嵴龙是首个在南极洲
被科学命名的恐龙。仅发现
了一具冰嵴龙化石个体，但
在科学家挖掘前，化石的一
半头骨因冰川的磨蚀而未能
保存下来。

栖息地

全球，早侏罗世

冰嵴龙生活在大约1.9亿
年前。那时的南极洲与现在相
比，更接近赤道数千千米，不
是现在这样的寒冷极地，但气
候仍是相当寒冷的。

潜在风险：极度

与冰嵴龙共同生活的原蜥脚类和蜥蜴
类必须整日保持警惕以免遭到捕食。

体形

冰嵴龙是一种强壮凶猛的捕
食者，远胜于任何猎物。

体长：6~8米

身高：2~2.4米

体重：400~600千克

多彩脊冠

冰嵴龙的头部脊冠是其独有的一种怪异特征。许多肉食性恐龙，包括双嵴龙，都具有脊冠，但只有冰嵴龙的脊冠从正面观察非常明显。脊冠通过血管获得供给，血液滋养出脊冠色彩斑斓的皮肤，常用来吸引配偶。

冰嵴龙（*Cryolophosaurus*）

含义：冰冻的有脊冠的蜥蜴

发音：cry-oh-lo-fo-SORE-uss

冰嵴龙头部多彩的脊冠对当地的植食性恐龙来说，是大难临头的预兆。许多原蜥脚类在感受到致命撕咬前，最后看到的东西就是冰嵴龙鼻孔上方扇叶状的薄片突起。

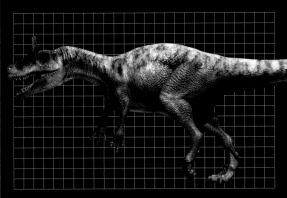

0027301921000101010002730192100010151015

冰嵴龙是双嵴龙的近亲，尽管它们生存的栖息地稍有差异。但是，它们都在各自的生态环境中处于掌控地位，毋庸置疑地处于食物链的顶端。蜥蜴、哺乳动物和翼龙都是冰嵴龙常见的猎物，若能选择，这种大型捕食者更喜好原蜥脚类恐龙多肉的尸体。

刀子般的牙齿

冰嵴龙和其他肉食性恐龙的牙齿都能完美地刺穿猎物的躯体。牙齿外形类似于吃牛排所用的刀：具有一个尖锐的顶端，弧形边缘覆盖着一排细锯齿状突起，能平滑地穿透肌腱。

距离

2米，正在靠近

接近警报

保持完全静止

最快速度

35千米/小时

攻击性：高

冰嵴龙每个前肢有3只爪，并拥有一副用来撕裂肌肉的牙齿。强壮的后肢让它能以惊人的速度奔跑。

单嵴龙（*Monolophosaurus*）

含义：长着单脊冠的爬行动物

发音：*mon-o-lo-fo-SORE-uss*

另一种肉食性恐龙，头部长着另一种奇特的脊冠。单嵴龙与双嵴龙、冰嵴龙类似，用它头部顶端的脊冠吸引配偶，用牙齿和尖爪攻击猎物。

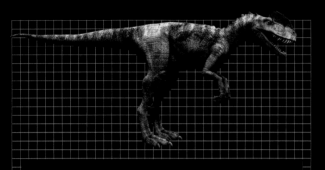

最漂亮的脊

双嵴龙长着两个片状脊，分布于头顶的两端。冰嵴龙则单独长一个前倾、像电风扇叶片一样的脊。单嵴龙虽不是唯一拥有单一脊冠的恐龙，但其脊冠的厚度不同寻常，将冠向后倾斜且面向侧方，能给潜在的配偶留下深刻印象。

与我们已遇到的恐龙相比，单嵴龙是一种进步一些的兽脚类恐龙。它是一种大型捕食者，凭借躯体、速度和锋利的爪牙来伏击长颈蜥脚类恐龙群。它通常以弱小的动物作为攻击目标，但有时也会群体猎食成年猎物。

002730192100010100027301921000101510157301921000101

01027 01021162 8
01027 46102 162 8 83

潜在风险：极度

没有其他动物可以与单嵴龙的捕食本领相匹敌。蜥脚类恐龙们，要当心了！

体形

单嵴龙的体形大于所有其同时代的捕食者。

体长：5~6米

身高：1.5~2米

体重：400~600千克

栖息地

亚洲，侏罗纪中期

单嵴龙生活在大约1.65亿年前。此时的亚洲已经从泛大陆完全脱离，开始进化出其独有的恐龙物种。

化石发现

中国

仅发现了一具单独的单嵴龙化石标本，但标本所含的头部可以称得上侏罗纪中期兽脚类恐龙保存得最完好的头骨之一。头骨和骨架化石发现于中国西部地区。

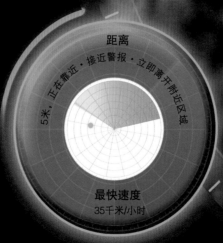

距离

5米，正在靠近·接近警报·立即离开附近区域

最快速度
35千米/小时

褶皱咬合

单崤龙的牙齿和其他进步的兽脚类（坚尾龙类）相似，具有一系列褶皱，且从牙齿的一端横跨至另一端。这些褶皱就像瓦楞纸箱的波纹构造，能增加牙齿的强度，确保它们在撕裂肌肉和骨骼时不会崩裂。

200   150   100

0273019210

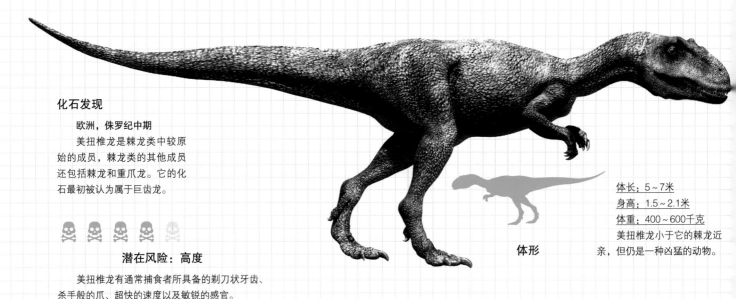

化石发现

欧洲，侏罗纪中期

　　美扭椎龙是棘龙类中较原始的成员，棘龙类的其他成员还包括棘龙和重爪龙。它的化石最初被认为属于巨齿龙。

潜在风险：高度

　　美扭椎龙有通常捕食者所具备的剃刀状牙齿、杀手般的爪、超快的速度以及敏锐的感官。

体长：5~7米
身高：1.5~2.1米
体重：400~600千克
美扭椎龙小于它的棘龙近亲，但仍是一种凶猛的动物。

体形

美扭椎龙（*Eustreptospondylus*）

含义：圆滑弯曲的脊椎

发音：*you-strepto-SPOND-o-luss*

　　美扭椎龙长着大而突出的眼睛，具有敏锐的嗅觉，是一种聪明的捕食者，能相对轻松地快速解决大型猎物。它特别偏好长颈蜥脚类和背部长着骨板的剑龙。

体形

潜在风险：极度

　　当巨齿龙成群地悄悄逼近时，蜥脚类和其他植食动物就应该开始逃命了。

体长：5~7米
身高：1.5~2.1米
体重：400~600千克
中等大小的捕食者，体形远小于它所偏爱的猎物。

巨齿龙（*Megalosaurus*）

含义：巨大的蜥蜴

发音：*meg-uh-low-SORE-uss*

　　被称作"巨大的蜥蜴"的巨齿龙在它所处的环境中极为常见。它不算特别大的兽脚类，但力量和敏捷性弥补了其体形上的不足。它们常聚集成群，共同猎食大型蜥脚类恐龙。

潜在风险：高度

风险大小要看对谁而言：大型蜥脚类恐龙对它不会害怕，但恐龙幼仔和其他小型动物应该警惕了。

气龙（*Gasosaurus*）

含义："气"蜥蜴

发音：*gas-o-SORE-uss*

身长：3~4米

身高：1~1.2米

体重：100~400千克

一种小型恐龙，高度与5岁儿童的平均身高差不多。

体形

气龙与单嵴龙等大型兽脚类生活在同一个时代。为避免与这些大型捕食者争夺猎物，气龙凭借它体形较小的优势，主要猎食恐龙幼年个体和小型哺乳类动物。

狠狠一踢

和多数猎食性恐龙相似，气龙的足部并不常用于捕捉猎物，却长着锋利的尖爪，但很少用来攻击，除非猎物十分强壮，需要额外的踢打时才会使用。

化石发现

亚洲，侏罗纪中期

对气龙的认识主要源于少量化石。它和同一时期的其他恐龙化石共同发现于中国西南部的四川省。可见当时的那里已是葱翠肥沃的地带。

保持平衡的尾巴

兽脚类的尾巴僵硬且高高离开地面。对于依靠两腿快速奔跑的恐龙来说，这种尾巴有助于保持平衡。

利爪

肉食性恐龙的掌是用来猎杀、肢解和进食猎物的主要工具。多数兽脚类有三个大指头，每个指头末端都长着大而锋利的爪。

化石发现

欧洲，侏罗纪中期

巨齿龙是第一种被命名的恐龙，1824年由英国地质学家威廉·巴克兰所描述。它的化石在英格兰中侏罗统地层里较为常见。1.6亿年前，这套地层在一系列湍急的河流所产生的沉积作用下形成。

栖息地

印度，早侏罗世

巴拉帕龙大约生活在距今1.9亿年前的早侏罗世，大约处于泛大陆开始分裂的时候。它是有福享用印度葱翠泛滥平原的恐龙之一。

柔韧的颈部

所有蜥脚类恐龙的标志性特征之一就是它们长着很长的脖子。与其他大部分恐龙相比，它们颈部的椎体整体变长，使整个脖子看起来像蛇一样。许多蜥脚类恐龙用它们的长脖子够取高处的枝叶，另一些蜥脚类的脖子用起来时就像吸尘器一样，吞噬着大片低矮的灌木丛和蕨类植物。

原始巨兽

巴拉帕龙是最原始的蜥脚类恐龙之一，这类植食性恐龙通常长着长脖子、小脑袋、大肚子和粗大的柱状四肢。它像蛇一般的脖子能伸到大树的高处，吃到其他体形矮小的恐龙吃不到的叶子。

巴拉帕龙是早侏罗世探险者最常见到的一类蜥脚类恐龙。

距离

15米，正在靠近

接近警报

缓缓走开

最快速度

8千米/小时

0102734621027301063892 10.948.6300011628.83.9

巴拉帕龙（*Barapasaurus*）

含义：粗腿蜥蜴

发音：*bah-RAP-a-sore-uss*

巴拉帕龙是它所处时代中最大的恐龙，也是当时生态系统中最大的陆地动物。15～18米的体长，仅
是简单地站在自己的领地，低头凝视着敌人，就能让它在与最凶猛捕食者的对峙中胜出。

宽大的背部

颈部和背部椎体非常巨大，但内部
许多细小的孔穴减轻了它们的重量。

体形

它是其所处时代和
所在环境中最大的陆地
动物。

体长：15～18米

身高：5～6米

体重：50～55吨

畸齿龙（*Heterodontosaurus*）

含义：长着不同牙齿的蜥蜴

发音：*hett-er-o-don-to-SORE-uss*

畸齿龙是一种小型温顺的恐龙——具有一副"万人迷"的可爱外貌。这种动物主要以植物为食，但也可能在食物短缺时吞食小型哺乳动物和蜥蜴。

这种小型杂食类动物是最古老也是最原始的鸟臀目恐龙。鸟臀目是一个较大的恐龙类别，所包含的物种多样，如剑龙类、三角龙类和甲龙类。畸齿龙不同于它的许多近亲，它速度快、体形苗条，也会吃一些肉类。

00273019210001010002730192100010151015730192100 01015

手巧的杂食动物

畸齿龙的爪与肉食兽脚类的相比，在许多方面都很相似：大，能大幅度活动且末端长着锋利的爪。这些都是为捕杀小型哺乳类和蜥蜴所进化出的适应特性。

潜在风险：很低

通常环境下，畸齿龙不具有危险性，但如果饿了或累了，也可能攻击小型猎物。

体形

一种小巧、温顺且行动迅速的小型杂食动物。

体长：1 ~ 1.25米

身高：0.5 ~ 1米

体重：20 ~ 30千克

栖息地

南非，早侏罗世

大约1.95亿 ~ 1.9亿年前的早侏罗世，南非有着物种繁盛的生态系统。这个时期，世界各地存在许多恐龙近亲，这是恐龙能在泛大陆内自由穿行的一个证据。

化石发现

南非

仅在南非发现了少量化石，包括一具保存完好的成年个体和一个幼年个体的头部。在南美、北美和欧洲等地也发现了它的几种近亲化石。

距离

16米·正在靠近·接近警报·可安全地接触

最快速度

30千米/小时

多种食性

　　为适应杂食习性，畸齿龙的吻端发生了细微的进化。它的吻端前部具有喙，能很好地夹断树叶和枝干。同时，它的多数牙齿是适应咀嚼植物的叶状齿，但其颌部前端还是具有两颗锋利的"犬齿"，能够刺穿小型猎物。

体长：6~7米
身高：6米
体重：5~7吨
火山齿龙属于蜥脚类恐龙，但体形小于其多数近亲。

体形

化石发现

南部非洲，早侏罗世

火山齿龙是最古老、最原始的蜥脚类恐龙之一，进化程度稍逊于其近亲巴拉帕龙。仅在津巴布韦找到过一具保存完好的化石。

潜在风险：很低

火山齿龙既跑不快也不凶猛，体形也没有大到能够作为进攻的武器。

火山齿龙（*Vulcanodon*）

含义：火山牙齿

发音：*vul-CAN-o-don*

火山齿龙是长颈蜥脚类中体形最小的一种，体形稍大于现今的大象。它以南部非洲河岸边的茂盛的绿色蕨类和灌木为食。

厚重的铠甲

棱背龙与稍晚些时代的近亲甲龙类的最主要的共同特征，就是其背部大部分覆盖着骨质装甲。平行排列的盾片（骨板）保护着它的背部，两侧各一列保护着腹侧，四列盾片围绕着尾部。

潜在风险：低度

棱背龙就像长着刺的仙人掌，不接近它你几乎没什么危险，但如果激怒它，它将成为令你寒毛倒立的噩梦。

棱背龙（*Scelidosaurus*）

含义：腿部粗壮的蜥蜴

发音：*skeh-lide-o-SORE-uss*

一些植食性恐龙的体形很大，足以保护自身免受掠食者的伤害，其他的则需要另辟蹊径。棱背龙是甲龙类的一种原始近亲，依靠厚重的骨质铠甲来免受敌人的伤害。

☠ ☠ ☠ ☠ ☠

潜在危险：低度

　　尽管蜀龙在自身所处的生态系统中体形较大，但对于蜥脚类恐龙来说还算是很小的，它在许多方面和巴拉帕龙相似。

为数不多的、仅凭借其庞大的身躯就能让捕食者心惊胆寒的蜥脚类之一。

体形

体长：9～11米
身高：4～5米
体重：10吨

化石发现

中国，侏罗纪中期

　　蜀龙之所以在蜥脚类中引人注目，主要是发现了其大量的骨骼标本，甚至还包括一些头骨。它是侏罗纪中期生活在中国四川省的众多恐龙之一。

蜀龙（*Shunosaurus*）

含义：蜀地的蜥蜴，"蜀"指中国四川省
发音：*shu-no-SORE-uss*

　　这种笨拙的蜥脚类，在它所处中亚地区的闷热而潮湿的生态系统中，算是最大的动物。它的体重接近10吨，比同时代任何捕食者的个头都要大很多。它声音低沉的咆哮甚至能让最凶猛的兽脚类望而却步。

体形

体长：3.5～4.5米
身高：0.5～1米
体重：250～300千克

棱背龙的身体长而低矮，体重为一般成年人的3～4倍。

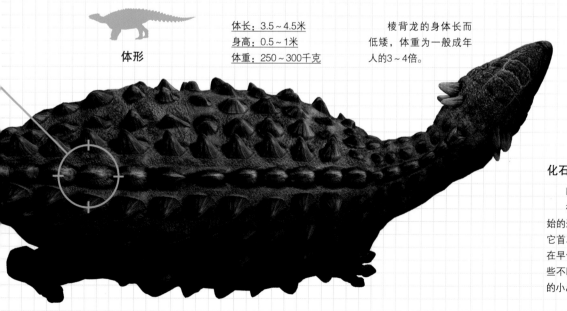

化石发现

欧洲，早侏罗世

　　棱背龙是科学界已知的最原始的恐龙之一。19世纪50年代，它首次被发现于英格兰。它生活在早侏罗世，当时的欧洲还是一些不断被波浪和洪水冲刷侵蚀着的小岛屿，气候也较为炎热。

晚侏罗世的恐龙

1.612亿~1.455亿年前

晚侏罗世的世界，气候温暖而干燥。泛大陆成为遥远的记忆，陆地仍在分裂漂移，地球的地理分布逐渐类似于现今世界的样子了。被称作坚尾龙类的进步的兽脚类恐龙分布在世界各地。其中，凶猛的异特龙是该时期的重型食肉动物之王。但是，当时的世界事实上还是属于异特龙的猎物——巨型蜥脚类的时代。地球上从来没有，后来也未曾见过体形这么巨大、数量如此繁多的长颈植食动物，其中一些体重超过70吨。在北美和非洲平原上，成群的腕龙及梁龙漫步时会发出雷鸣般的脚步声，在寻找灌木和针叶等的时候，仿佛大地都会为之颤动。它们凭借这种庞大的种群数量来获得保护，免受捕食者的攻击。

0102734621027301063892l0.948.6300011628.83.9 0l02734621027301063892l0.
948.6300011628.83.9 0l02734621027301063892l0.948.630001l628.83.9 0l0273
46210273010638921O.948.6300011628.83.9 0l02734621
000l1628.83.9

栖息地

非洲，晚侏罗世

大约1.5亿年前，轻巧龙和剑龙类的钉状龙以及其他许多物种，共同生活在非洲东部肥沃的泛滥平原上。

化石发现

非洲

轻巧龙是在非洲著名骨床——敦达古鲁组地层发现的恐龙之一。20世纪初，曾有大批化石收集者来到这里，挖掘出总计超过250多吨的恐龙化石。

☠ ☠ ☠ ☠ ☠

潜在风险：极度

笨重的蜥脚类凭借体形的优势进行防御，但小型植食动物被轻巧龙追逐时，就只能自求多福了。

体形

一种体形苗条的捕食者。

体长：4.5~6.5米

身高：1.25~1.5米

体重：200~250千克

轻巧龙（*Elaphrosaurus*）

含义：体重轻的蜥蜴
发音：*e-LAF-ro-sore-uss*

　　轻巧龙是恐龙世界中是速度最快的捕食者之一，它甚至能跑赢最快的植食类恐龙。这种可怕的捕食者如同非洲猎豹一样，依靠灵活性和耐力在长距离追逐中胜过它的猎物。

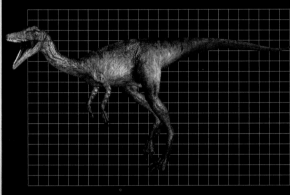

　　轻巧龙活在大型肉食类恐龙的阴影之下，大型肉食类恐龙可以凭借庞大的身躯和有力的颌来制服猎物。而小巧敏捷的轻巧龙却只能另想办法。它会从灌木丛中突然跳出来，在受到惊吓的蜥脚类幼仔还没回过神的时候，轻松地趁势追逐、捕杀猎物。

00273019210001010100027301921000101510 15

死亡之颌

　　许多生活在非洲大陆的蜥脚类幼仔临死前最后一眼所看到的，就是轻巧龙贴近的吻端和牙齿。瞪大的眼睛、扩张的鼻孔和滴着唾液的牙齿，都意味着追逐结束，死亡临近。

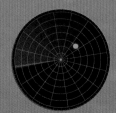

距离

1米，正在接近
接近警报
迅速撤离

最快速度

35千米/小时

攻击性：高

速度、尖牙、利爪和聪明大脑，这种罕见的组合让轻巧龙成为一种危险的捕食者。它唯一的劣势就是体形太小。

所有其他晚侏罗纪的恐龙都生活在异特龙的恐惧阴影之下。甚至连当时最大的蜥脚类恐龙，都尽量避免遇见这种最恐怖的捕食者。

01027346210273010638921D.948.6300011628.83.9

栖息地

北半球，晚侏罗世

异特龙喜好河流或湖泊附近低洼的泛滥平原，但它或许能适应任何环境，世界有许多地方都曾留下它们的足迹。

异特龙（*Allosaurus*）

含义：不同的蜥蜴

发音：*al–o–SAUR–uss*

异特龙是晚侏罗世恐龙中的主力，是在北美泛滥平原上追捕大型蜥脚类恐龙的恐怖捕食者，这种健壮的肉食动物是最出名的恐龙之一。

250

撞击猎物

异特龙在它所处的生态系统中，属于体形最大的食肉动物，同时代的动物几乎都会惧怕它，甚至其他大型兽脚类恐龙（如角鼻龙）都会尽可能地避开异特龙。原因很简单：异特龙长着密集锋利牙齿的头骨长达1米，强壮的颌肌可以撕裂肌肉，粗壮的颈部能让它将嘴里叼着的猎物不断甩向地面，通过撞击使猎物毙命。

异特龙后肢和腰带部位肌肉发达，这能使它持续快速奔跑。

距离

10.5米，正在靠近
接近警报
建议采取躲避措施

最快速度

30千米/小时

化石发现

北美，欧洲

异特龙是一种进化极为成功的恐龙。它的化石在北美上侏罗统地层中较为常见，欧洲也曾发现，连非洲也可能有。其他恐龙很少有这样广泛的分布范围。

快速攻击猎物颈部

异特龙善于以一种特别凶猛的方式进行攻击。它的头部会突然向前，张开血盆大口咬向猎物的脖子，然后发出致命一击，就像斧子劈开木头一样。

体形

一种能迅速将猎物肢解的肌肉怪兽。

体长：7.5~12米

身高：2米

体重：1000~1800千克

永川龙（*Yangchuanosaurus*）

含义：以它在中国的发现地而命名
发音：*yang-CHOO-an-o-sore-uss*

永川龙是异特龙的一个近亲，游荡在亚洲的森林中。如同异特龙一样，它是其所在生态系统中最大、最可怕的掠食者，尤其偏好在密林深处捕食大型蜥脚类恐龙。

沉重的喘息者
　　永川龙头部深而复杂的空腔不仅让这位捕食者拥有犀利的嗅觉，也使它的呼吸更有效率，奔跑得更快、更持久。

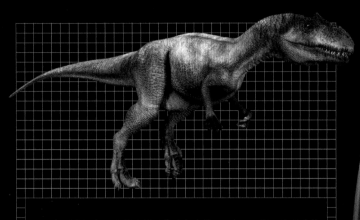

　　永川龙拥有和异特龙相同的攻击武器——尖牙、利爪和强壮的颈部，但永川龙的头骨轻而中空。它头部的许多骨骼具有很深的凹陷（空腔）。这种构造有助于提高呼吸效率，拥有更敏锐的嗅觉。

002730192100010101000273019210001015101573019210001015

01027346210211628.83.9 0102734621027301ぴ

潜在风险：极度
　　永川龙甚至比可怕的异特龙还要危险，因为它具有敏锐的嗅觉，在很远的地方就能发现猎物。

体形
　　一种肌肉发达的恐龙，能擒住任何猎物。
　　体长：7.5～9.75米
　　身高：2米
　　体重：900～1000千克

栖息地

亚洲，晚侏罗世
　　在距今1.5亿～1.6亿年前的晚侏罗世，亚洲是许多恐龙的家园。永川龙主要以蜥脚类恐龙和长着背板的剑龙为食。

化石发现

亚洲
　　目前仅发现两具永川龙化石，均来自中国南部四川省永川县（现重庆市永川区），其中一具是工人修建水坝爆破岩石时发现的。

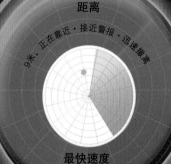

距离

9米·正在靠近·接近警报·迅速撤离

最快速度

30千米/小时

非对称的羽毛

许多恐龙都长着羽毛，但始祖鸟这种鸟类长着不对称（形状不规则）的羽毛，这种羽毛在飞行时能提供抬升力。

化石发现

欧洲

始祖鸟或许是世界上独一无二的、最著名的化石动物。德国1.5亿年前的石灰岩中发现过少量精美的始祖鸟标本，其中许多标本都保存了羽毛的细微构造。

栖息地

欧洲，晚侏罗世

始祖鸟生活在晚侏罗世欧洲中部地区，那里是一些小湖泊组成的岩石滨岸。它在陆地上追逐、猎捕小型蜥蜴和哺乳动物。

虚弱的胸部

鸟类的飞行肌位于胸部，并通过一个较大的胸骨固定。始祖鸟既缺少较大的胸骨，也没有发达的肌肉，所以它是一个柔弱的飞行者。

潜在风险：极低

只有昆虫和小型哺乳动物对这种身体轻盈且胆小的鸟类心存恐惧。

体形

一种乌鸦大小的鸟，很容易被忽视。

体长：30～46厘米

身高：15厘米

体重：1～3千克

始祖鸟（*Archaeopteryx*）

含义：远古之翼

发音：ark-e-OP-ter-ix

　　由于翅膀上拥有色彩明亮的羽毛，温顺的小始祖鸟很容易被误当成鹦鹉，但这个以昆虫为食的鸟类，是鸟类最古老也是最原始的祖先。它在恐龙进化成鸟类的过程中具有非常重要的意义，所以对始祖鸟的观察也很有必要。

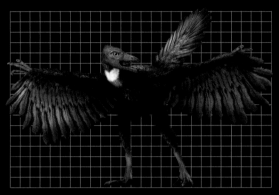

始祖鸟是真正的鸟类。它体表覆盖羽毛，能用翅膀振翅飞行，但和多数现代鸟类相比，始祖鸟是一个柔弱的飞行者。它的飞行肌肉尚未发育，只能飞行较短时间。同时，始祖鸟的爪子不同于其他鸟类，使它无法栖息在树上，所以多数时间它还是在地表活动。

002730192100010101000273019210001015101 5

距离

1米，正在靠近

接近警报

可安全地接触

最快速度

40千米/小时

攻击性：低

始祖鸟属于具有锋利牙齿和弯曲前爪的罕见鸟类，这些特征有利于它肢解小型猎物。

01027346210273010638921Ø.948.63ØØØ11628.83.9

潜在风险：低度

尽管马门溪龙是一种性情温和的植食性恐龙，但
它还是能一不小心就将毫无防备的动物踩得粉碎。

栖息地

亚洲，晚侏罗世

马门溪龙和永川龙一样，喜好晚侏罗世
亚洲稠密的森林，在那里它们能终日不停地
咀嚼着植物。

马门溪龙（*Mamenchisaurus*）

含义：以它在中国的发现地而命名

发音：*ma-mench-is-SORE-uss*

马门溪龙在恐龙世界中如同马戏团中的怪物。它保持着恐龙世界里最长脖子的纪录。这
个细长的、构造像蛇一样的脖子能延伸近12米，超过身体其余部分长度的总和。

250

0

距离

50.6米，正在靠近
可小心地接近

最快速度

8千米/小时

00273019210

01027346210273010638921Ø.948.63ØØØ11628.83.9 01027346210273010638921Ø.948.63ØØØ11628.83.9 01027

化石发现

亚洲

在中国发现了不计其数的马门溪龙化石，这清楚地表明这种植食性恐龙在当时极为常见，属于进化较为成功的动物。

树冠食客

马门溪龙的脖子如此之长，是因为它需要吃大量的植物。长脖子能让它吃到其他小型蜥脚类恐龙够不着的树冠，从而尽情享用那里的枝叶。

大块头

这种长着"面条"一样脖子的植食动物是曾存在过的最大的恐龙之一。它是迄今为止亚洲地区生态系统中最大的动物，每天要进食数吨植物叶茎以维持其巨大身体所需的能量。连永川龙这样体形巨大的捕食者想把它撂翻在地，也绝非易事。

背部和腰带的肌肉异常发达，这有助于支撑身体的重量。

体形

马门溪龙是恐龙中真正的巨人，成为陆地上的一道独特的风景线。

体长：20~25米

身高：5~6米

体重：20~25吨

腕　龙（*Brachiosaurus*）

含义：长臂蜥蜴

发音：*brack-e-o-sore-uss*

　　敦实、长颈及四肢强健的腕龙是被人所熟知的恐龙之一。它与危险的异特龙生活在同一时期，但它庞大的身体和群体活动的习性可以避免受到异特龙的攻击。

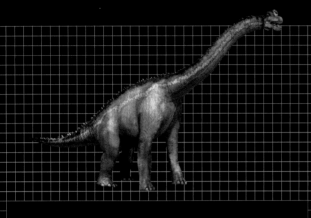

　　腕龙是恐龙中的巨人，在其所处的生态系统中，它无疑是最大的动物。腕龙最明显的鉴别特征就是前肢长于后肢，这有助于腕龙在寻找叶子进食时，能够触及树顶高处。

00273019210001010100273019210001015101573019210001015

潜在风险：低度

　　一种温和的植食性恐龙，如果被激怒，腕龙可以利用其庞大的身躯作为防御性武器。

体形

　　一种体形庞大的恐龙，雷鸣般的脚步声能够穿越平原。

体长：20~25米

身高：5~6米

体重：30~50吨

栖息地

北美和非洲，晚侏罗世

　　在晚侏罗世美国西北部沿河岸的潮湿森林中常能见到腕龙。它也生活在非洲的类似环境中。

化石发现

北美，非洲

　　大约1.5亿年前的晚侏罗世，腕龙与多种巨型蜥脚类恐龙生活在同一时期，包括梁龙、迷惑龙和重龙。

距离

14.4米·正在靠近·接近警报·小心接近

最快速度

5千米/小时

01027346210211629.83.9

01027346210211629 83.9

发声系统

腕龙的鼻孔位于头部顶端的圆顶中。这个中空的腔室就像乐器，腕龙能用它来呼唤同伴或吓退捕食者。

圆木般的脖子

腕龙的脖子能优雅地伸到树冠中。凭借强壮的肌肉和骨骼连接，它的脖子几乎能垂直升起。

潜在风险：低度

像其他多数蜥脚类一样，梁龙仅在受到威胁时才会将它庞大的身躯作为武器。

梁　龙（*Diplodocus*）

含义：（尾椎具有）双梁构造

发音：*dip–lo–do–KUSS*

梁龙是北美草木茂密平原上的一道独特的风景。这种蜥脚类恐龙体形巨大，拥有长颈和极长的尾巴。尾部具有向后的脉弧骨，使尾巴变得非常灵活。

鞭子般的尾巴

梁龙的尾部具有80节以上的椎体，大约是其他蜥脚类的两倍。它可以像鞭子一样被用来抵御掠食者，也能对天敌进行致命抽打。

250

距离

47.8米，正在靠近

接近警报

可小心而缓慢地靠近

最快速度

5千米/小时

多样化的庞然大物

梁龙与腕龙生活在同一时代。但是，这些植食动物的庞大却各有不同：腕龙高而沉重，梁龙轻且体形修长。当腕龙触及树冠高处时，梁龙会借助它伸长的脖子横扫低矮的灌木丛。

前肢强壮且坚实，支撑着身体的重量。

00273019210001015015

体形

长而低矮的植食性恐龙，
在平原上笨重缓慢地穿行。

体长：25~29米

身高：3~4米

体重：12~16吨

01027345210273010G3892 0.9 3.6300011528 0427J 2102J 010G3892i0
948.6300011528.87J 7109 J 345 10273010G58 J 9.6 930 J 116281838 10279
J 1000.1528.83.5 027J 01027J010G3892101149.G8

栖息地

亚洲，侏罗纪中期

大约1.6亿年前，
华阳龙与兽脚类恐龙中
的气龙以及许多其他的
恐龙共同在中国西部闷
热的环境中繁衍生息。

化石发现

中国

在中国四川省的中侏
罗系岩层中曾发现过一具
保存完好的华阳龙化石。

潜在风险：中度

华阳龙不被招惹就没有攻击性，
但被激怒时则会进行致命的攻击。

体形

一种身体长而低矮、笨
重的植食动物。

体长：4.5米

身高：1.5米

体重：900～1000千克

尾钉疾风

尾巴是华阳龙最重要的武器。它非常柔软，末端的骨钉可以进行大范围的、致命性的弧线甩动。

华阳龙（*Huayangosaurus*）

含义：以在中国的发现地而命名

发音：*hwa-yang-o-SORE-uss*

剑龙类的背上长着骨板，华阳龙是其中最古老且最原始的成员之一。它是性情温顺的植食者，喜好蕨类植物。竖立的骨板是它的一个明确的警告：掠食者若要攻击，风险自担！

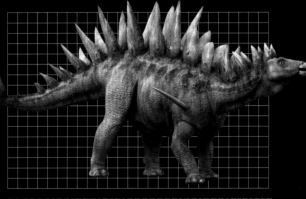

00273019210001010100027301921000101510 15

在华阳龙同时代生活着许多种类多样的大型兽脚类恐龙，但这些捕食者很少攻击华阳龙，因为华阳龙的背上分布着厚重的骨板，肩膀和尾端长着骨钉，能够伤害甚至杀死最凶猛的进攻者。

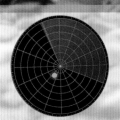

距离

4.4米

正在靠近

保持一定距离

最快速度

15千米/小时

攻击性：强

肩部和尾巴具有粗大、长而锋利的骨钉，能让它快速攻击对手。

潜在风险：中度

异特龙和其他肉食动物都生活在对剑龙尾刺的恐惧中。

0102734621027301063892109486300011628.83.9

剑龙（*Stegosaurus*）

含义：有屋顶的蜥蜴

发音：*steg-o-SORE-uss*

巨大的骨板和骨钉，让剑龙成为最容易辨认的恐龙之一。通常情况下，它平静地吃着蕨类和其他地表植物，但因为生活在异特龙的阴影下，它总是抬起尾部骨钉随时处于防备状态。

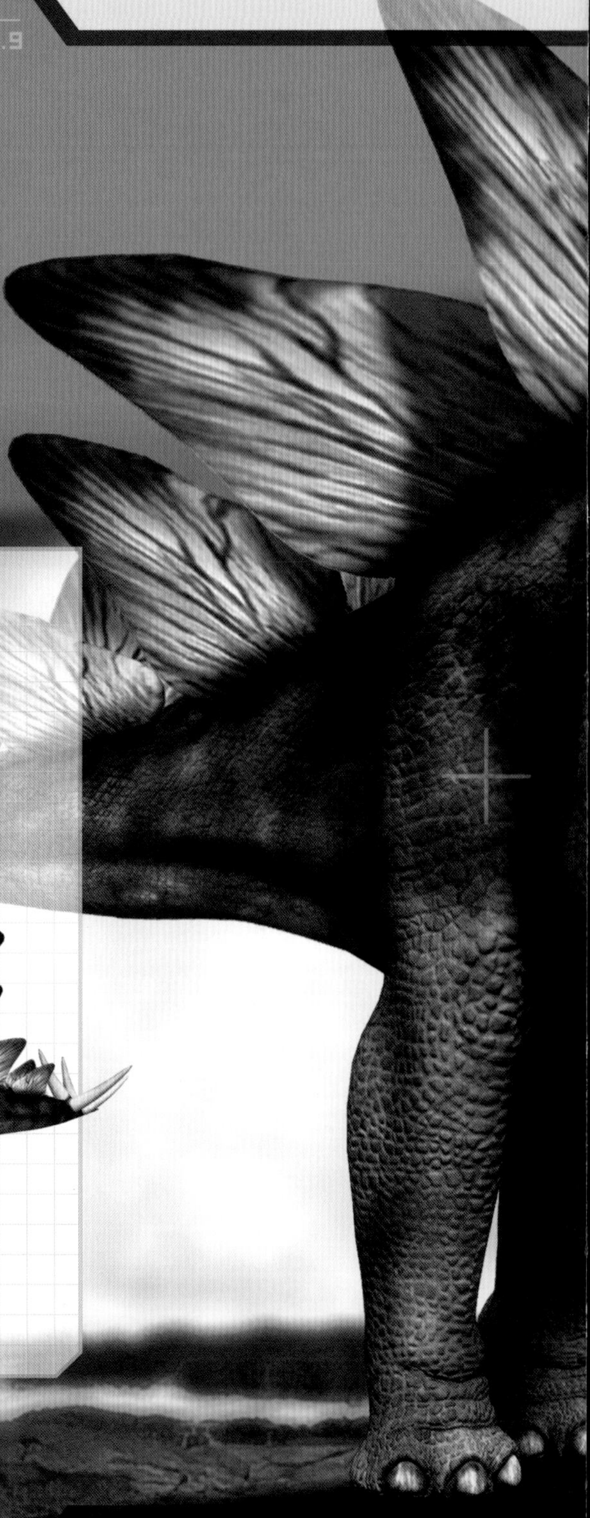

250

0

与众不同

剑龙是一种笨重的动物，具有引人注目的外表。然而，与腕龙、梁龙和其他同时代蜥脚类恐龙相比，剑龙是种体形较小的植食性恐龙。剑龙通过啃食地表柔软的灌木，来避免与这些长颈巨兽们竞争食物。

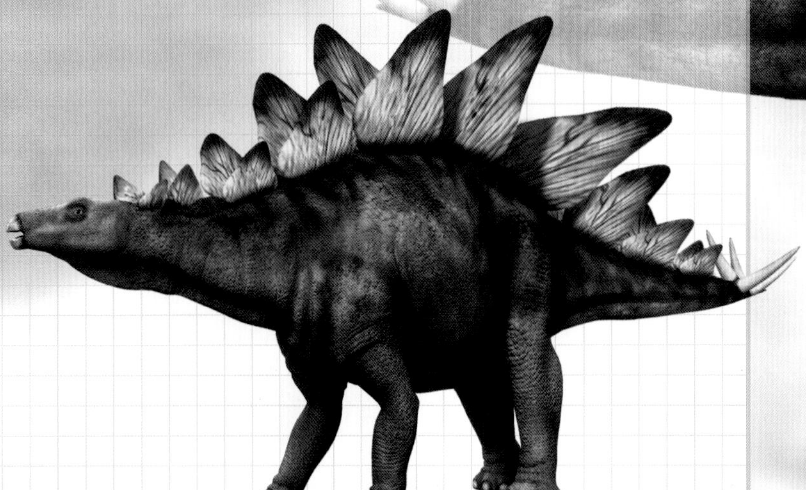

00273019210001015l015

距离

13.6米

接近警报

保持静止

最快速度

15千米/小时

北美、欧洲

美国著名的莫里逊组地层发现过数量众多的剑龙化石，同时在葡萄牙也发现了一些破碎的化石标本。

桌子大小的骨板

剑龙背部的骨板很大，有些甚至比一张咖啡桌还大！它们的用途不是自卫，而是给配偶留下深刻印象。

灌木咀嚼者

剑龙长着喙的嘴巴能像剪刀一样切割叶子和枝干，非常适合咀嚼较软的植物。

体形

一种低矮、笨重、长着巨大背板的植食性恐龙。

体长：9米

身高：2.5米

体重：3~3.5吨

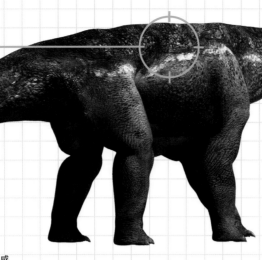

体形变化者

　　在圆顶龙从幼年到成年的发育过程中，它的体形变化非常显著。它成年时，脖子会逐渐变长，骨骼也变得纤细。

体形

体长：18～21米

身高：3～5米

体重：15～20吨

　　圆顶龙是一种矮小、敦实、长着长脖子的蜥脚类恐龙。

化石发现

　　北美，晚侏罗世

　　在科罗拉多的莫里逊组已经发现超过20具圆顶龙化石标本，其中包括保存完好的头骨。大约1.5亿年前，它是在此生活的十几种蜥脚类恐龙之一。

☠ ☠ ☠ ☠ ☠

潜在风险：极低

　　圆顶龙是一种没有威胁的植食动物，但当它感到被逼上绝路时，也会用尾巴猛抽敌人。

圆顶龙（*Camarasaurus*）

含义：具有空腔的蜥蜴

发音：*kam-ah-ra-SORE-uss*

　　圆顶龙是一种矮小、敦实的恐龙，也是北美树木繁茂的泛滥平原上最常见的恐龙。圆顶龙群雷鸣般的脚步声回荡在大地之上，已成为一道常见的风景。

快速生长

　　迷惑龙能很快长到其巨型体形。短短13年便能完全成年，这意味着其幼仔在幼年时期中的每一天都必须增加约15千克体重！

体形

体长：19～25米

身高：3～5米

体重：25～28吨

　　迷惑龙是一种巨大的进食植物的"机器"。

☠ ☠ ☠ ☠ ☠

潜在风险：低度

　　迷惑龙由于其庞大的身躯而变得危险，所以小型动物们应避开它的大脚。

迷惑龙（*Apatosaurus*）

含义：令人迷惑的蜥蜴

发音：*a-pat-o-SORE-uss*

　　迷惑龙是曾在地球上漫步过的最大的动物之一。这种体形巨大的植物吞食者，原名雷龙，字面上的含义是指它在北美莫里逊河岸进食树木和灌木时，连大地都会因震动产生雷鸣般的响声。

化石发现

　　北美，晚侏罗世

　　1.5亿年前，迷惑龙与圆顶龙、梁龙和腕龙一同生活在北美西部。该地区发现过许多它们的化石。

体形

体长：4.5～10米
身高：2米
体重：1.4～2吨
锐龙属于中等体形，但背部的骨板让它的外形看起来具有威慑力。

☠ ☠ ☠

潜在风险：低度

像许多植食性恐龙一样，锐龙不被招惹就没有攻击性，但若受到威胁，它便会用尾钉进行致命性的打击。

锐　龙（*Dacentrurus*）

含义：非常锐利的尾巴
发音：*da-SEN-troo-russ*

在整个欧洲大地上，锐龙这种小型植食性恐龙占据着主导地位。这种长着背板的剑龙类数量庞大，因为它在应对捕食者方面非常成功。大型肉食性恐龙，如巨齿龙，会不惜一切代价避开锐龙厚重的背板和可怕的尾钉。

化石发现

欧洲，晚侏罗世
第一具锐龙化石发现于19世纪70年代。锐龙生活在大约1.5亿年前，当时的欧洲已分裂成众多的岛屿。

☠ ☠

潜在风险：低度

钉状龙通常是温和的，但前来攻击它的捕食者常会被其肩刺严重戳伤。

体形

体长：4～5米
身高：1.5米
体重：1～1.5吨

这种小型剑龙类需要锋利的武器来弥补它体形的不足。

化石发现

非洲，晚侏罗世
钉状龙生活在约1.5亿年前的非洲东部。坦桑尼亚的著名化石层曾发现数以百计的钉状龙骨骼化石。

钉状龙（*Kentrosaurus*）

含义：具有尖刺的蜥蜴
发音：*ken-tro-SORE-uss*

钉状龙比大多数剑龙类小得多，但它尖锐的武器组合能弥补体形的不足，这些骨钉和骨板可以用来对付任何捕食者。这种植食性恐龙的牙齿小且长得形式单一，主要用来咀嚼河流沿岸大量柔软的植物。

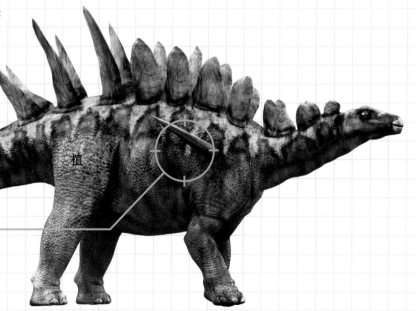

植

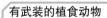

有武装的植食动物
钉状龙最重要的武器是其肩膀处斜着向后方生长的肩刺。它和尾钉一同抵御像轻巧龙这样危险的捕食者。

怪嘴龙（*Gargoyleosaurus*）

含义：如同怪兽状的滴水嘴的蜥蜴
发音：*garh-GOYL-o-sore-uss*

怪嘴龙是一种外形丑陋的小恐龙。这种笨重的植食动物体形短而肥胖，脸上布满斑块状皮肤突起。它因某些方面与哥特式教堂中怪兽状的滴水嘴相似得名。

甲龙类是由一群如坦克般的、四肢步伐沉重的植食动物所组成的类群，怪嘴龙是一种最主要的甲龙。甲龙类奔跑速度缓慢，仅能通过蹲伏来躲避捕食者，但没有攻击者愿意在怪嘴龙的骨甲上咬碎自己的牙齿！

00273019210001010100027301921000101510157301921000101S

潜在风险：很低

这种原始的甲龙类没有它的近亲所具有的尾锤和尖刺，但它厚重的"铠甲"也可以抵御捕食者。

体形

最小的甲龙之一，长着一个与身体相比显得很小的头颅。
体长：3米
身高：1米
体重：900～1100千克

01027

01027

栖息地

北美，晚侏罗世
怪嘴龙和它的近亲剑龙相似，可能生活在靠近河流和湖泊的低洼地区。

化石发现

北美
怪嘴龙的化石，跟异特龙和剑龙一样，均发现于北美西部的莫里逊组。莫里逊组于约1.5亿年前由河流和湖泊沉积而形成。

距离

4-1米·正在靠近·接近警报·可安全地接近

最快速度

8千米/小时

方盒子般的脑袋

怪嘴龙的头颅很奇特：体积小，外形像方盒子，表面覆盖着许多和头骨愈合的小骨甲。

01027134S210273.
948.63

01027S48210273010638921O.
S8OO11S28.83.9 010273
78O106389210.948.63

化石发现

北美，欧洲
弯龙化石在美国莫里逊组
的岩层中较为常见，但在千里
之外的英格兰也曾发现过。

灵活的四肢

弯龙能用两肢或四肢行走。进
食时用四肢站立，也能靠后肢支撑
起身体快速奔跑。

栖息地

北美和欧洲，晚侏罗世
弯龙可以够到中等高度
的树的顶部，所以它的进食
高度介于进食低矮处的剑龙
和进食高处的蜥脚类的高度
之间。

潜在风险：很低

除非这个植食性的温顺巨兽受到威
胁，否则它从不主动攻击其他动物。

体形

一种具有大象般体形的
"植物咀嚼机"。
体长：5～7.5米
身高：1.5～2.5米
体重：880～1985千克

弯 龙（*Camptosaurus*）

含义：可弯曲的蜥蜴
发音：*kamp-to-SORE-uss*

在北美莫里逊生态系统所有的植食性恐龙中，弯龙是最不起眼的。它没有蜥脚类的长脖子、剑龙的尾钉和甲龙的护甲，但它所具备的结构能让它快速吞食大量植物。

弯龙是一种行动缓慢的恐龙，具有快速进食的习性。它的颌部长着一些叶状齿，适宜磨削坚韧的叶子；上颌进食时能交替向外蠕动，让它彻底咀嚼食物。

00273019210001010100027301921000 10151015

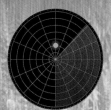

距离

3.7米，正在靠近
接近警报
可安全地接近
最快速度
20千米/小时

攻击性：无

弯龙没有锋利的牙齿、爪、尖刺和骨甲。它没有什么危害。

.83.9 01027346210273010639210.948.63000116 28.83. 9 0102734 621 73
30 628.83.9 0102 273462102 301063 389210.948.30001162 28.3.9

橡树龙（*Dryosaurus*）

含义：橡树蜥蜴
发音：*dry-oh-SORE-uss*

橡树龙比马略高，是一种奇特的动物，具有一系列非同寻常的特征。它体形苗条，头脑敏捷，能像肉食动物那样用两条腿快速奔跑，但实际上它仅仅是一种以蕨类植物和其他低矮灌木为食的植食性恐龙。

橡树龙和弯龙共同生存，但橡树龙更为原始，体形更小，速度更快。橡树龙能很好地适应奔跑，它小巧的体形为它在有着异特龙、角鼻龙和其他大型捕食者的莫里逊生态系统中起到了少许的保护作用。

00273019210001010100027301921000101510157301921000 1015

潜在风险：很低

它缺乏锋利的牙齿、利爪和尖刺，唯一拥有的优势就是速度。

体形

一种温顺的小型植食动物，但看起来像肉食兽脚类。
体长：2.5～4.3米
身高：1.5米
体重：80～90千克

栖息地

北美和非洲，晚侏罗世
橡树龙不能像其近亲弯龙那样够到高大的树冠，因此多分布于非洲和北美的森林底层及河流沿岸那些蕨类植物密集的区域。

化石发现

北美，非洲
橡树龙的化石发现于北美莫里逊组的岩层中，在东非著名的化石层也曾发现过。

距离
5.8米，正在接近·靠近警报·可安全地接近
最快速度
35千米/小时

 01027346210273010639210.948.63000116 28.83.9 0102734621027301063 89210.948.630

灵巧的步行者

多数时候，橡树龙像兽脚类恐龙一样用两条腿行走。它具有矫健的站姿，这对植食性恐龙来说，是种奇怪的特征。

喙状嘴

它的头骨前端末梢具有像鸟类一样的尖喙，能很好地切碎植物。

200   150   100

0273019210

63

010273462102116?8.93.9......
901063992?0.99......

白垩纪早中期的恐龙

455亿～9960万年前

　　白垩纪也是属于恐龙的时代，在这个时代，恐龙的物种丰富且数量众多，统治着世界。当时，几乎没有这些巨兽无法到达的地域。同时，地球仍在不停地变化。到白垩纪中期，泛大陆已成为遥远的往事。北美和欧洲已被海洋所分隔，相距遥远。此时，动物已经无法在世界范围内自由行动了，不同的地区进化出类型迥异的恐龙类群。老的类群（如虚骨龙类）出现了多样性分化；新的类群（如角龙类）也经历演化出现了。

　　全球性的气候变暖，将地球变成一个巨大的温室，导致在白垩纪期间生物发生了一系列非常显著的变化：进化出显花植物和原始的草本植物。植食动物（如鸭嘴龙类和肿头龙类）能依赖多种植物作为食物，当然它们自身也让地球的面貌有了极大的改变。

0102734621027301063B9210.948.6300011628.83.9

棘 龙（*Spinosaurus*）

含义：有棘的蜥蜴

发音：*spine-o-SORE-uss*

棘龙是一种恐怖的兽脚类恐龙，可能是地球上曾经生存过的最大的肉食动物。它是一种善于投机的捕食者，就好像白垩纪中的灰熊，虽然能猎杀许多不同种类的猎物，但特别偏好鱼类。

250

冷酷的家伙

棘龙背部的帆状物可能有多种用途。它使棘龙本已庞大的体形，显得更大、更可怕。它或许有助于调节体温——通过吸收太阳的热量来维持体温；另外，白垩纪时期的非洲气候温暖，当棘龙体温过高时，也可能用它来散发多余的热量。

背椎延伸成高耸的薄片状，用于支撑背帆。

002730192160010191013

距离

7.5米，正在靠近

接近警报

建议躲避

最快速度

23千米/小时

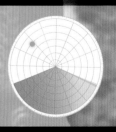

010273B4621027301063B9

化石发现

非洲（埃及、摩洛哥、尼日尔）

1910年，德国贵族恩斯特·斯特莫首次在北非发现棘龙化石，后来这些化石均毁于第二次世界大战。最近又发现少量棘龙骨骼化石，但没有保存完整的骨架。

扁平的脑袋

棘龙和现代的鳄鱼相似，长着一个长且扁平的头骨，这表明它可能喜好鱼类以及大型陆地猎物。

体形

棘龙的体形是同等体形级别的霸王龙的1.5倍。

体长：10～18米

身高：2.5～3米

体重：6～9吨

010673462102   9210.248.630
948.6300011626   10273462102
462102730106B6   48.6300011626
00011628.83.9

重爪龙（*Baryonyx*）

含义：厚重的利爪

发音：*bah-ree-ON-icks*

　　重爪龙长着杀手般的爪，这是恐龙王国中最可怕的武器。爪可以具有多种用途，能够用来叉鱼、抵御竞争对手和撕裂大型猎物。

重爪龙是一种可怕的捕食者，但在其生态系统中，它仅是三大肉食动物之一，另外两个成员是：和巨型鲨齿龙有亲缘关系的新猎龙以及霸王龙的近亲始暴龙。这三大捕食者在英格兰的河流三角洲与潮湿的湖泊盆地追踪猎物，以禽龙和其他植食性恐龙为食。

00273019210001010100027301921000 10151015

杀手般的利爪

　　重爪龙的三个指头上长着强大的爪。其中最大的爪达25厘米！只有重爪龙和它的棘龙类近亲才拥有如此大、厚重且致命的爪。

体形

　　一种真正的怪物，能为了猎物与其他大型兽脚类恐龙搏斗。

体长：9～13米

身高：1.8～2.5米

体重：2.5～5.4吨

潜在风险：极度

　　重爪龙的可怕之处除了牙齿和爪之外，还在于它为了争夺食物能和对手不停地争斗。

0027

00:06:22

化石发现

英格兰，早白垩世

　　重爪龙如同它的近
亲棘龙一样，是一种罕见
的恐龙，仅在英格兰发现
过两具保存完整的化石。

栖息地

英格兰，早白垩世

　　人们在重爪龙化石的
内脏部位发现过鱼鳞，这
表明它可能生活在水源附
近。它流线型的头部线条
和强壮、长着爪的前肢，
非常适合捕捉鱼类。

距离

2米，正在靠近
接近警报
立即撤离

最快速度

25千米/小时

攻击性：高

　　重爪龙除了具有致命的爪外，还有一个长而狭
窄的头骨，上面几乎布满了非常锋利的锥形牙齿。

激 龙（*Irritator*）

含义：激动的家伙
发音：*ear-e-tate-OR*

激龙长着像鳄鱼一样的脑袋，看起来很凶猛。长而狭窄的颌部具有100多颗牙齿，闭合时能产生强大的咬合力。由于激龙生活在陆地而不是水中，它与鳄鱼的不同之处在于其鼻孔位于头颅两侧。

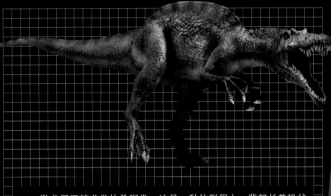

激龙属于棘龙类的兽脚类，这是一种体形很大、背部长着帆状物的巨型捕食者，具有鳄鱼般的脑袋和巨大的爪。所有的棘龙类都是好争斗的捕食者，从最小的鱼类到最大的蜥脚类，它们什么动物都不放过。

00273019210001010100273019210001015101573019210001015

潜在风险：极度

如同重爪龙和棘龙一样，激龙的牙齿和爪可以凌驾于任何竞争对手之上。它会在岸边附近潜伏等待猎物，这些地方将是粗心的猎物的葬身之地。

体形

它是其所处的生态系统中的"巨人"。

体长：8米
身高：1.5～1.8米
体重：900～960千克

栖息地

巴西，早白垩世

激龙生活在1亿多年前的巴西。它的头部和爪与重爪龙相似，能很好地捕食鱼类，所以它可能生活在靠近水边的地方。

化石发现

巴西，早白垩世

迄今仅发现了一具保存完好的激龙化石，即在巴西著名的桑塔纳组地层中发现的头骨化石。这也是目前所发现的保存最好的棘龙类头骨。

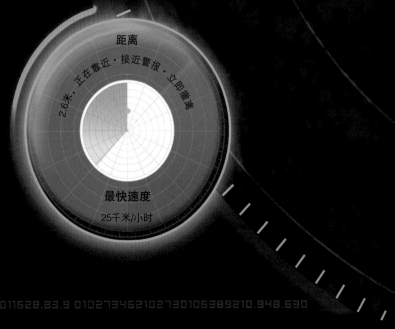

距离

2.6米，正在靠近·接近警报·立即撤离

最快速度

25千米/小时

鱼的悲叹

激龙的牙齿集中在颌部前方，形成一个锋利的网状阵列，非常适合咬住表面光滑的鱼类，当对大型植食性恐龙进行攻击时，牙齿也能有助于它展开致命性的撕咬。

☠ ☠ ☠ ☠ ☠

潜在风险：极度

敏锐的感觉、巨大的体形和强有力的咬合，
使高棘龙成为要尽可能避免与之相遇的动物。

栖息地

北美，早白垩世

高棘龙偏好湿热的泛滥平原和河流边
缘，这些地方有它最喜欢的猎物——大型蜥
脚类恐龙。

高棘龙（*Acrocanthosaurus*）

含义：有高棘的蜥蜴

发音：*ak-row-can-tho-SORE-uss*

高棘龙被称作"南部恐怖者"，它是北美南部繁茂的河流区域
的最高统治者。这种捕食者体形巨大，和霸王龙差不多，体长
能够达到12米，沿背部高高隆起的块状或帆状物是它
的鉴别特征。

250

0

南部恐怖者

尽管高棘龙看起来和棘龙类以及霸王龙类
相似，但实际上，它是鲨齿龙类在北美地区的近
亲。这一种群的其他成员，如非洲的鲨齿龙和南
美的南方巨兽龙，都是曾在地球上生存过的大型
捕食者。高棘龙虽然体形稍小，但也是一位可怕
的"猎人"。

高棘龙的背
部长着和其体长
接近的低矮的帆
状突起，这可能
是用来吸引异性
的一种展示。

距离

14.1米，正在靠近

接近警报

立即撤退

最快速度

23千米/小时

化石发现

北美，早白垩世

美国得克萨斯州和俄克拉荷马州曾发现过3具保存完好的高棘龙化石骨架。1亿多年前，这种巨龙可能在北美的许多地方游荡。

轻量化的颈部

高棘龙的颈部强壮却轻巧。发达的肌肉在支撑起巨大的头部的同时，还使头部可以对猎物发起精确的攻击。而且，每节的颈椎上都具有孔腔构造，能够减轻颈部的重量。

体形

一个真正吓人的家伙，可以解决掉你能想到的最大猎物。

体长：12米

身高：1.8~2.5米

体重：3~4吨

鲨齿龙（*Carcharodontosaurus*）

含义：长着鲨鱼般牙齿的蜥蜴

发音：*car-car-o-don-to-SORE-uss*

　　鲨齿龙的咆哮声比霸王龙还要大，却不得不与另一种更大的恐龙——棘龙共同生活在一个生态系统中。然而，鲨齿龙凭借强大的咬合力及敏锐的感觉，比它的对手更胜一筹。

　　鲨齿龙是鲨齿龙类中的优秀代表，这群兽脚类恐龙威胁着从非洲到亚洲的世界大部分地区的恐龙。鲨齿龙是类群中最大的成员。经测量，它头骨的长度超过1.5米！

00273019210001010100027301921000101510157301921000 1015

潜在风险：极度

　　猎物必须足够幸运，才能同时避开棘龙和长着鲨鱼般牙齿的鲨齿龙。鲨齿龙的牙齿在兽脚类中独一无二，非常致命。

体形

体形超过霸王龙，但仍小于同时代的棘龙！

体长：12 ~ 14米

身高：2.1 ~ 2.75米

体重：6 ~ 7.5吨

01027 34621021 1628.83.9 0102 73462 0101

01027 34621021 1628.83.9 0102734621021 0101

鲨鱼般的嘴

　　鲨齿龙的牙齿薄而锋利，像锯齿一样，非常类似于大白鲨的牙齿，因而得名"长着鲨鱼般牙齿的蜥蜴"，但它牙齿的个头要比鲨鱼大很多！

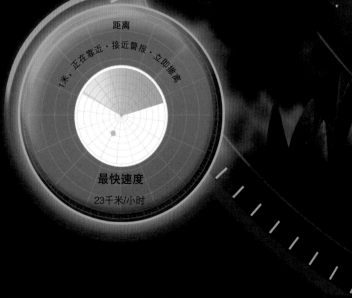

距离

1米·正在靠近·接近警报·立即撤离

最快速度

23千米/小时

栖息地

非洲，白垩纪早中期

大约1亿年前，非洲北部地区是鲨齿龙的家园。当时，这里还不是沙漠，位于热带地区附近，气候温暖而湿润。

化石发现

非洲，白垩纪早中期

在非洲北部的撒哈拉沙漠中，常能发现鲨齿龙的骨骼和牙齿化石。它所在的早白垩世是一个物种繁盛的生态系统。

0102734621027301063892108.948.6300011628.83.9 01027346210273010638921 0 948.6300011628.83.9 01027346210273010638921 0.948.6300011628.83.9 010273 462107301063892108.948.630001162883.9 0102734621027301063892108.948.6300011628.83.9 000011628.83.9

350

南方巨兽龙（*Giganotosaurus*）

含义：巨大的南方蜥蜴

发音：*ji-gan-ote-o-SORE-uss*

　　体形巨大的长颈蜥脚类在南美穿行时，采取群体聚集的方式抵御南方巨兽龙的攻击。这种鲨齿龙类的兽脚类是恐龙世界中最凶猛的肉食者之一，也是地球上曾存在过的体形最大的捕食者之一。

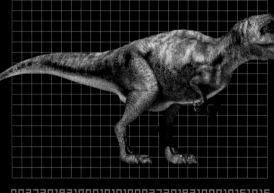

最大的南方巨兽龙体长超过14米，远远小于其主要猎食对象——蜥脚类中的泰坦巨龙。但是，它能与比它大很多的对手竞争，主要凭借它的力量、速度，还有最重要的优点——就是它那长度超过1.5米、镶满鲨鱼般利齿的头部。

00273019210001010100027301921000101510151015

潜在风险：极度

这个巨型捕食者能撂倒你所能想象到的最大的猎物，应尽量避免被它看到。

体形

它是其所处生态系统中最大的捕食者，对所有遇见它的动物都是一种威胁。

体长：12~14米

身高：2.1~2.75米

体重：6~7吨

减负提速

南方巨兽龙体形巨大，所以它只能尽量减轻骨架的重量，否则这个巨大的捕食者无法在追逐中胜过猎物！它通过背部椎骨上的凹腔来减轻体重，孔腔构造在使椎骨变轻巧的同时，仍具有足够的强度支撑自身的体重。

化石发现

南美，白垩纪早中期

在阿根廷干旱、多石的平原，发现过一具保存完好的南方巨兽龙骨架和一些骨骼化石碎片。

栖息地

南美，白垩纪早中期

大约1亿年前，南方巨兽龙在阿根廷地区横行无阻。那时，这里繁茂的生态系统孕育了各种生命，气候要比现在温暖湿润许多。

距离

6.4米，正在靠近

接近警报

立即撤离

最快速度

23千米/小时

攻击性：高

任何植食动物都需要足够幸运，才能逃过南方巨兽龙的巨颌，但即便如此，仍要避开它锋利的爪。

潜在风险：中度

☠ ☠ ☠

体形小巧的小盗龙仅对小动物构成威胁，不过当它从树上猛扑下来时，牙齿和爪看起来还是相当可怕的。

栖息地

中国，早白垩世

大约1.25亿年前，辽宁"长着羽毛的恐龙"生活在中国气候温暖、多雨且常因火山喷发而被掩埋的地区。

0102734621027301063892108 948.6300011628.83.9

小盗龙（*Microraptor*）

含义：小盗贼

发音：*my-krow-rap-TOR*

小巧的兽脚类小盗龙，看起来更像是一只鸟而不是凶猛的肉食驰龙类恐龙。然而，这种长着羽毛和翅膀的动物却是恐爪龙和伶盗龙的近亲，也是恐龙王国中最像鸟类的成员之一。

250 —

0 —

微小的恐惧

小盗龙是世界上体形最小的恐龙之一。它的体长小于1米，体重少于4千克，仅比人类的新生婴儿稍大。小盗龙不像多数恐龙那样生活在地上，而是在树林间滑翔，用它锋利的牙齿和尖利的爪捕捉昆虫和小型哺乳类动物。当小盗龙以树做伪装，躲避其中的时候，很难让人发现。

小盗龙长而僵硬的尾巴能让它在树枝间滑翔时保持平衡。

0102730920100161010

距离

4.6米，正在靠近

接近警报

可小心地接近

最快速度

40千米/小时

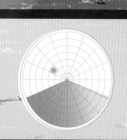

0102734621027301063B9

化石发现

中国，早白垩世

小盗龙是在中国辽宁地区所发现的众多"长着羽毛的恐龙"之一。这些骨骼标本保存了各种令人惊叹的细节，包括美丽的羽毛。

温暖的外衣

小盗龙的背部和其他许多长着羽毛的恐龙一样，披着一件类似毛发的柔软羽毛"外衣"，有助于维持体温和保持干燥。

用于飞行的腿

小盗龙具有手翅（与现代鸟类相似）和腿翅（在现代鸟类中从未见过）并存的独特特征。这些翅膀可以让小盗龙像双翼飞机那样飞行，即一套翅膀位于身体的上方，另一套则位于身体的下方！

体形

世界上最小的恐龙。

体长：45~75厘米

身高：22~36厘米

体重：2~4千克

0102734621027301063892105 30001162B.B3.9 01027346210273010638921O.
948.6300011628.83.9 010273421027301063892105.6300011628.83.9 010273
462102730106389210.948.63000116628.83.9 10273010638921O.948.63
00011628.83.9

CX: 02
W: 0.1
G: 1.4
H0

00:00:00

化石发现

北美，早白垩世

恐爪龙化石曾被发现于美国西部地区。许多化石，尤其是散落的牙齿，常见于大型植食性鸟臀类恐龙腱龙化石旁，这表明它也有可能是恐爪龙的猎食对象之一。

栖息地

北美，早白垩世

恐爪龙栖息的区域很像今天美国的路易斯安那州——湿热污浊的水洼、河湾及沼泽，到处生长着茂盛的柏属植物。该区域南部是利于泄洪的泛滥平原。

潜在风险：极度

恐爪龙远比其外表所展现的危险，它将猎物置于利爪之中，通过撕扯使其毙命。恐爪龙也会成群觅食，猎杀比它大得多的猎物。

体形

属于中型恐龙，相对其体形而言，它算是轻巧机敏的动物。

体长：3~3.5米

身高：1米

体重：80~100千克

恐爪龙的头部呈流线型，而且分量很轻，却布满了坚固的、剃刀般的牙齿。它的大眼睛与大容量的大脑，是用于发现和抓获猎物的完美高性能武器。

恐爪龙（*Deinonychus*）

含义：恐怖的爪子

发音：*die-NON-e-kus*

　　恐爪龙是近似鸟类的兽脚类恐龙，也是古生物学研究中吸引人的恐龙之一。过去人们认为恐龙是一种愚笨且行动迟缓的动物，但恐爪龙的出现改变了这一观点。它是一种聪明、敏捷而凶猛的驰龙类，威胁着它所在生态系统的其他动物。

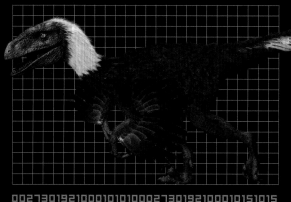

恐爪龙前肢长，3个手指都覆盖有具有威胁性的爪。灵活的肩关节使前肢能做出大幅度的弧形摆动，这是挥打和抓取猎物的最佳技巧。它的尾巴长而僵硬，向外竖起，这能最大限度帮助它保持平衡性和灵活性。

0027301921000101010002730192100010151015

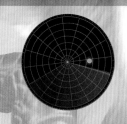

距离

2米，正在靠近

接近警报

建议紧急撤离

最快速度

35千米/小时

攻击性：高

　　恐爪龙的每个前肢分别具有3只利爪，它还有一组用来撕咬猎物的锋利牙齿。它还可以利用后肢的第二趾上巨大的爪牢牢地抓住猎物。

体长：1~1.5米
身高：25~60厘米
体重：5~10千克

体形

曾在地球上生活过的最小恐龙之一。

潜在风险：低度

　　美颌龙体形较小，对多数大型植食动物不足以构成威胁，但昆虫和小型脊椎动物还是要对它保持警惕。

化石发现

欧洲，晚侏罗世

　　美颌龙生活在大约1.5亿年前，它的化石在德国和法国都曾被发现。那时的欧洲气候温暖湿润，由一系列常被淹没的岛屿组成。和它生活在一起的是最初的鸟类——始祖鸟。

美颌龙（*Compsognathus*）

含义：优雅的形式

发音：*komp-sog-NAY-thuss*

　　美颌龙属于恐龙王国中个头最小、体形最苗条且体重最轻的成员之一。体形过小的不足在速度和智力方面得到了弥补。事实上，它比任何恐龙跑得都快，甚至可以捕捉飞行中的小昆虫。

化石发现

北美，晚侏罗世

　　1.5亿年前，嗜鸟龙是生活在北美潮湿泛滥平原众多兽脚类恐龙中的一员。目前，仅在美国怀俄明州的科摩断崖发现过一具近乎完整的骨骼化石。

潜在风险：高度

　　嗜鸟龙很危险，因为它的外表具有欺骗性。不要因这种兽脚类恐龙体重轻、体积小而不把它当回事：它能用爪子和牙齿撕咬猎物。

嗜鸟龙（*Ornitholestes*）

含义：盗鸟的贼

发音：*or-nith-o-LESS-tees*

　　嗜鸟龙或许看上去弱小，但它成排的牙齿和强壮的上肢，足以杀死任何轻视它的猎物。嗜鸟龙的上肢尤为不同，很适合肢解猎物。它的手指很长，末端长着巨大的爪子，惊人地灵活。

体形

体长：2米
身高：0.5~1米
体重：15~20千克

属于体形苗条的恐龙。

羽毛

　　嗜鸟龙如同大多数的兽脚类恐龙，也长着羽毛。这既能在冬季中维持体温，又能将自己装扮得五彩缤纷，以独特的展示方式吸引配偶和吓退对手。

白垩纪早中期

体形

体长：1～1.25米
身高：1.2～1.5米
体重：6～7千克

尾羽龙号称史前"火鸡"。

潜在风险：低度

尾羽龙对小型哺乳类动物较有威胁，对别的东西则没什么危害。

化石发现

亚洲，早白垩世

大约1.25亿年前，尾羽龙和其他50多种恐龙共同生活在亚洲东北部。它也是在中国首批被发现的长羽毛的恐龙之一。

尾羽龙（*Caudipteryx*）

含义：尾巴长着羽毛

发音：*kaw-DIP-ter-icks*

尾羽龙就像中生代的火鸡，它善于奔跑，其速度足以成功捕捉小型哺乳类动物和蜥蜴。它以明亮柔软的羽毛吸引配偶和警告对手。

潜在风险：低度

切齿龙的牙齿既能用于处置小型猎物，又能用于对付大型猎物。

体形

体长：1～1.25米
身高：1.2～1.5米
体重：6～7千克

这种恐龙如同一种大型史前鸟类，但却长着牙齿！

切齿龙（*Incisivosaurus*）

含义：具有门齿构造的蜥蜴

发音：*in-sice-i-vo-SORE-uss*

切齿龙是尾羽龙的近亲，但它们的一个重要的特征上的区别就是牙齿。尾羽龙只有少量牙齿，而切齿龙胡桃夹子般的颌部却长有一系列小、锋利且尖锐的牙齿，可以刺穿小型猎物。

化石发现

亚洲，早白垩世

1.25亿年前，切齿龙就像尾羽龙，生活在亚洲东北部郁郁葱葱的环境中。在这里曾发现过它的头骨和脊椎的化石碎片。

覆盖羽毛的前肢

切齿龙和其他小型似鸟类兽脚类一样，其前肢既能用来保持平衡，也能捕捉猎物。它的前肢粗大且长着羽毛，可以像鸟类一样进行大幅度的活动。

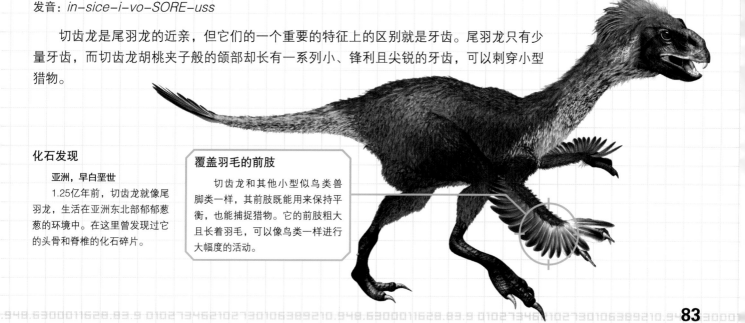

☠ ☠ ☠ ☠ ☠

潜在风险：极度

它除了具有较大的体形，还具有盗龙类典型的攻击性。它是一种无论如何都需要避开的威胁。

0102734621027301063892l0.948.6300011628.83.9

栖息地

北美，早白垩世

犹他盗龙无疑是其生态系统中顶级的肉食性动物。它生活在大约1.25亿年前，当时美国西部的气候温暖而湿润。

犹他盗龙（*Utahraptor*）

含义：犹他州的盗贼

发音：*you-taw-rap-TOR*

大多数驰龙类虽然狡猾危险，但体形较小。犹他盗龙和它的近亲一样，具有"重型武器"，如一个大趾爪和敏锐的智力，而它的体形却很大。它是恐龙世界中的梦魇之一。

250 —

0 —

全副武装的杀手装备

典型的盗龙，如伶盗龙，体形还不如一只大型犬，而犹他盗龙的体形却接近异特龙。这种长着镰刀般爪的捕食者，体长可以达到7米，体重为普通人的10倍。第二趾上锋利的爪、人手臂般长的爪子、尖锐的牙齿，再加上盗龙类共有的智慧和敏锐感官，使犹他盗龙成为不折不扣的猎杀机器。

犹他盗龙和其他驰龙类的尾巴都长而僵硬，能在追逐猎物的奔跑跳跃过程中保持平衡。

0027301924000l0151015

00273019210

距离

200米，正在靠近
接近警报
立即撤离

最快速度

30千米/小时

化石发现

北美，早白垩世

犹他盗龙是最古老和最原始的盗龙之一，因在美国犹他州发现过一具保存较好的化石而得名。

机智的猎人

驰龙类的恐龙，如犹他盗龙，都是可怕的捕食者，因为它们是所有恐龙中最聪明的种群。它们可以凭借感官和智力优势巧取猎物，所以犹他盗龙能攻击和诱捕比它大得多的植食性蜥脚类恐龙。

体形

属于中等大小的捕食者，脚爪能爆发出相当震撼的冲击力。

体长：6~7米

身高：1.8米

体重：700~850千克

0102734621027301063892 10.948.6300011628.83.9 0102734621027301063892 10. 948.6300011628.83.9 0102734621027301063892 10.948.6300011628.83.9 010273 462102730106389210.948.6300011628.83.9 0102734621027301063892 10.948.63 00011628.83.9

35

阿马加龙（*Amargasaurus*）

含义：以在阿根廷的发现地而命名

发音：*ah-mar-ga-SORE-uss*

　　即便是在恐龙这种已经足够奇特的生物群中，阿马加龙还是显得异乎寻常。这种植物暴食者具有蜥脚类恐龙特有的长脖子和柱子般的四肢，但和其大块头的近亲相比，它的体形要小得多。它的最古怪之处还在于它的颈部和背部，上面长有奇异的树枝状长棘所构成的帆状结构。

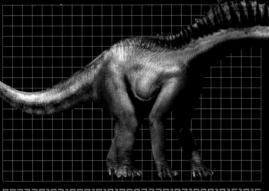

　　阿马加龙的颈部及背部上的长棘看起来十分怪异，有些像外星生物的特征。它们的用途是什么？长棘过于单薄和脆弱，在对抗大型兽脚类捕食者时难以提供保护。但是，长棘所撑起的色彩斑斓的肉质薄膜，可用来吸引配偶或警告种群中的其他雄性竞争者。

0027301921000101010002730192100010151015

树叶耙

　　正如它的蜥脚类近亲，阿马加龙的颌部前端长着一排钉耙状的牙齿。这些牙齿不是用来咀嚼植物的，而是像耙子一样将枝叶从树上剥离下来。

潜在风险：很低

　　阿马加龙是一种平和的植食动物，偶尔会因与同类争斗而变得具有攻击性。

体形

体长：8～9米
身高：3～3.7米
体重：3～4.7吨
长颈蜥脚类恐龙中体形最小的成员之一。

化石发现

阿根廷，早白垩世

在阿根廷阿马加镇附近的距今1.25亿年的古老地层中，曾发现过一具不完整的阿马加龙化石骨架。

栖息地

阿根廷，早白垩世

阿马加龙和许多其他的蜥脚类恐龙生活在同一时代，同时期的还有小巧狡诈的兽脚类小力加布龙，但若想击败阿马加龙，这种小型肉食者只能采用群体猎食的方式。

距离

2.9米，正在靠近

接近警报

可小心地接近

最快速度

8千米/小时

攻击性：无

虽然阿马加龙的体形比多数恐龙要大，但它还是一种小型蜥脚类恐龙，没有爪或尖刺这样便利的武器。

28.83.9 0102734621027301063 89210.948.6300011628.83.9 01027346210273
6300011628.83.9 0102 734621027301063 89210.948.6300011628.83.9

阿 根 廷 龙（ *Argentinosaurus* ）

含义：阿根廷的蜥蜴

发音：*ar-jen-TEE-no-sore-uss*

世界上所有的恐龙中，长着面条一样脖子的阿根廷龙是体形最大的。这个保持着纪录的蜥脚类，体长能达到41米，大约相当于半个足球场的长度。

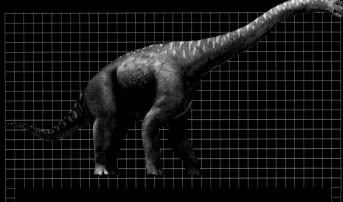

阿根廷龙是一种笨拙的动物，体长和体形都异常巨大。它的脖子能伸入树冠中，食用其他小型蜥脚类恐龙无法够到的植物叶片。阿根廷龙与恐龙王国中最大的捕食者之一——南方巨兽龙，生活在同一生态系统中。

00273019210001010100273019210001510157301921000101 5

潜在风险：中度

蜥脚类恐龙一般没什么风险，但阿根廷龙能用其不可思议的巨大身躯吓跑最凶残的捕食者。任何试图接近它的动物，都有可能遭遇被其沉重尾巴横扫的风险。

体形

曾经生存过的最大的恐龙！

体长：33～41米

身高：6～7.3米

体重：75～90吨

栖息地

阿根廷，白垩纪中期

大约9500万年前，阿根廷龙、南方巨兽龙以及其他恐龙共同生活在阿根廷平原，该地区当时的气候温暖而湿润。

化石发现

阿根廷，白垩纪早中期

仅发现过阿根廷龙破碎的脊椎和肢骨化石。科学家们很期待找到这种著名恐龙的更多化石。

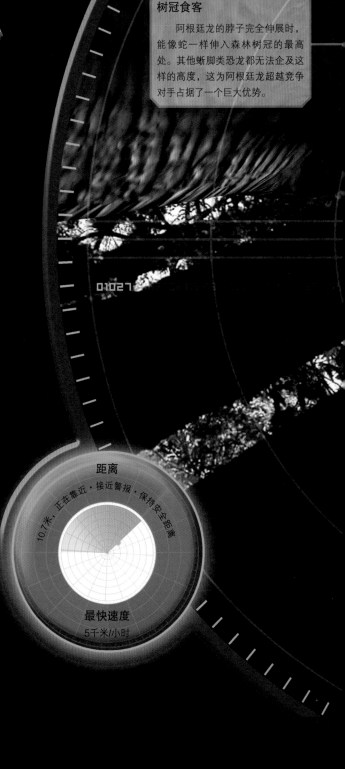

树冠食客

阿根廷龙的脖子完全伸展时，能像蛇一样伸入森林树冠的最高处。其他蜥脚类恐龙都无法企及这样的高度，这为阿根廷龙超越竞争对手占据了一个巨大优势。

距离

10.7米，正在靠近・接近警报・保持安全距离

最快速度

5千米/小时

潜在风险：中度

楯甲龙独自待着的时候，不用害怕它。但若激怒它，就会有被它锋利肩刺钉伤的风险！

栖息地

北美，早白垩世

楯甲龙是早白垩世北美最常见的恐龙之一。地表上一系列的低矮植物都是它的食物。

0102734621027301063B9210.948.6300011628.83.9

楯甲龙（*Sauropelta*）

含义：护盾蜥蜴

发音：*sore-oh-PEL-ta*

　　脊柱嵌有尖棘的楯甲龙是躲避肉食性恐龙的专家。这种像坦克一样的动物平时移动缓慢。当受到威胁时，它会躲进自己的装甲中，用它颈部厚重的尖棘进行防御。

250 —

0 —

抵御驰龙类的防御系统

　　脖子和肩部等部位长着重型骨钉，最长的骨钉长度能超过脖子本身！这些骨钉是抵御进攻者的有力武器，能轻易地刺伤捕食者。

距离

4.3米，正在靠近
接近警报
保持安全距离

最快速度

8千米/小时

化石发现

北美，早白垩世

楯甲龙化石主要发现于美国西部，尤其在怀俄明州和蒙大拿州最为常见，常与恐爪龙的牙齿一起被发现。

板状铠甲

楯甲龙铠甲的排列模式很独特。两行弧形盾片（角质板）保护着颈部上方，更多随机排列的盾片和小型骨质块则覆盖在背部和尾部。

坦克般的防御

楯甲龙是最著名的甲龙之一，正如该类群其他成员一样，它也是一种依靠四足行走的笨重植食性恐龙。它可以抵御凶猛的驰龙类中恐爪龙的袭击，这两种恐龙经常在北美郁郁葱葱的泛滥平原上发生激烈的冲突，驰龙类通常用尖锐的爪子迎战甲龙类的尖棘。

楯甲龙是一种粗壮而强大的动物，由于它具有粗壮的四肢，背部长着强健的肌肉，故在对峙中，对手很难使其退让。

体形

一种动作缓慢的动物，具有坦克般沉重的盔甲和庞大的体形。

体长：5~8米
身高：0.67~1.5米
体重：2.6~2.8吨

化石发现

北美，早白垩世

距今约9000万年前，加斯顿龙和犹他盗龙一同生活在美国西部，在这里曾发现过数具保存完好的加斯顿龙骨架化石。

体形

体长：2.5~4.5米
身高：0.6~1.25米
体重：1.5~3.7吨

加斯顿龙属于中等体形、具装甲的甲龙。厚实的装甲是它抵御成群驰龙攻击时的必要防御结构。

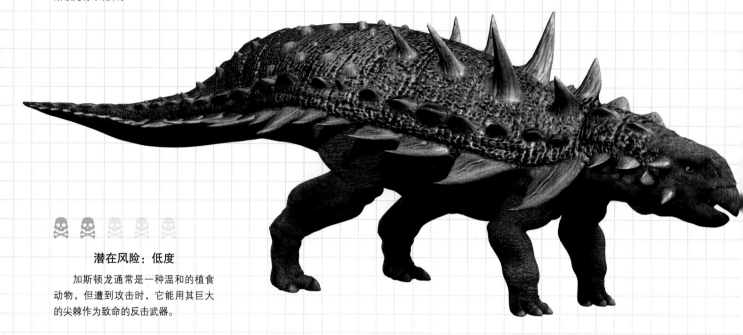

潜在风险：低度

加斯顿龙通常是一种温和的植食动物，但遭到攻击时，它能用其巨大的尖棘作为致命的反击武器。

加斯顿龙（*Gastonia*）

含义：以美国古生物学家罗伯特·加斯顿的名字命名
发音：*gas-TONE-ee-ah*

坦克般的加斯顿龙生活在其头号敌人——犹他盗龙的威胁之下。加斯顿龙的厚重装甲和锋利尖棘是防御性的进化适应。大多数捕食者如果贸然发动进攻，下场就像犹他盗龙那样，在加斯顿龙的骨质硬壳上崩坏牙齿，或被其尖棘所伤后蹒跚离去。

潜在风险：很低

只有最好斗的捕食者，才期待敏迷龙发动攻击。

简单的防护

敏迷龙是一种怪异的甲龙类。不同于其他甲龙类，它头部只有少量装甲，背部装甲排列模式简单，看起来就像一只步履蹒跚的大刺猬。

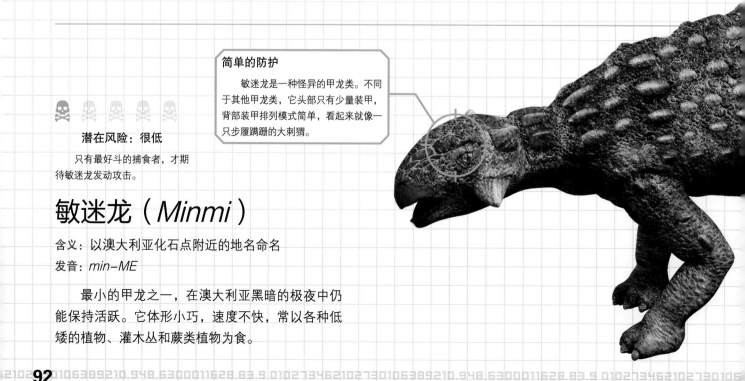

敏迷龙（*Minmi*）

含义：以澳大利亚化石点附近的地名命名
发音：*min-ME*

最小的甲龙之一，在澳大利亚黑暗的极夜中仍能保持活跃。它体形小巧，速度不快，常以各种低矮的植物、灌木丛和蕨类植物为食。

潜在风险：低度

　　需要注意的是：林龙的颈部和两侧长着尖棘，能用来对付任何被它视为威胁的动物。

林　龙（*Hylaeosaurus*）

含义：森林蜥蜴

发音：*hy-lay-e-oh-SORE-uss*

　　林龙与其近亲加斯顿龙相比，它的装甲和尖棘则显得十分简单，但这也能帮助这种苗条的植食动物免受牙尖爪利的盗龙以及其他肉食动物的伤害。

体形

体长：3~6米
身高：0.67~1米
体重：900~1100千克

林龙是一种体形较为轻巧的甲龙。

化石发现

欧洲，早白垩世

　　林龙是第三种被发现的恐龙。1832年，它被发现于英格兰萨塞克斯郡的梯尔盖特森林中，当时曾推测它以低矮植物为食。

独特的保护

　　林龙的装甲具有独特的排列模式。棘突在颈部和臀部两侧排列成行，背部还覆盖着几行骨板。

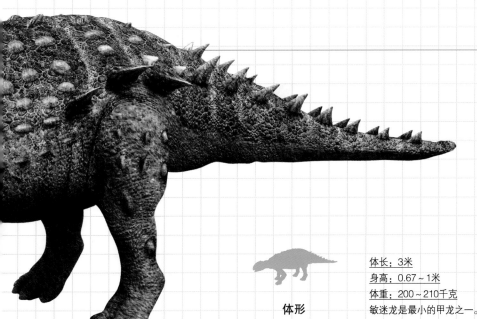

化石发现

澳大利亚，早白垩世

　　恐龙化石在澳大利亚很罕见，但敏迷龙是早白垩世该地区常见的恐龙之一。那时的澳大利亚还位于极地区域。

体形

体长：3米
身高：0.67~1米
体重：200~210千克

敏迷龙是最小的甲龙之一。

禽龙（*Iguanodon*）

含义：鬣蜥的牙齿

发音：*ig-WAN-oh-don*

禽龙就像白垩纪的牛群，是一种在欧洲和北美大陆常见的植食性恐龙。长在高处和矮处的植物都是它的食物，除此之外，它还具有进化得很成功的咀嚼能力，这让禽龙能适应多种生态系统。

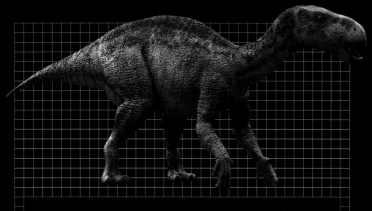

在白垩纪早中期的时候，禽龙这种植食动物在许多生态系统中都占据着统治地位。其中，最大的禽龙个体能比一些蜥脚类恐龙稍大。禽龙多数时间抬起前肢，用后肢行走，身体伸入树丛中觅食。但是，当它需要逃离捕食者时就会用四肢奔跑。

潜在风险：低度

禽龙被激怒时，会用尖钉一样的拇指刺向捕食者，其他时候则很温和。

体形

体长：6~11米

身高：1.8~3.3米

体重：3~6吨

一种大象般体形的植物"吸尘器"。

树叶收割者

禽龙的头骨和马很像，长而狭窄，吻部前端具有用于剪切植物的锋利喙嘴。叶状齿所组成的齿列能粉碎和咀嚼植物，这是许多植食性恐龙所不具备的先进特征。

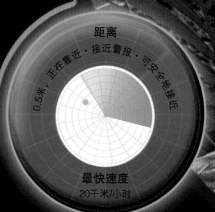

距离

0.5米，正在靠近·接近警报·可安全地接近

最快速度

20千米/小时

栖息地

欧洲和北美，白垩纪早中期

禽龙偏好河流和湖泊附近那种草木繁盛、气候温暖湿润的环境。在这里，它能找到维持生存所需的各类植物。

化石发现

欧洲和北美，白垩纪早中期

禽龙是古生物学家最早发现的恐龙之一。1825年，它被英国古生物学家吉迪恩·曼特尔发现，并成为第二种被科学命名的恐龙。

0102734621027301063B9210.94B.63000116ZB.B3.9 01027346210273010638921D.
94B.6300011628.B3.9 010Z7346Z10273010638921D.94B.6300011628.B3.9 010372
4621027301063B921D.94B.6300011628.B3.9 0102734621027301063B921Ч.94B.63
00011628.83.9

降温系统

背椎向上延伸形成长的薄棘，能支撑超过1米高的帆状物。它能让豪勇龙在夏天潮热的日子里保持凉爽。

化石发现

非洲，白垩纪早中期

豪勇龙化石是非洲北部砂岩中⋯⋯最常见的植食性恐龙化石。⋯⋯拉沙漠地区曾发现它的⋯⋯

栖息地

非洲，白垩纪早中⋯⋯

9500万年前，豪勇龙与棘龙、鲨齿龙一同生活在非洲北部绿色的河流三角洲地区。

潜在风险：低度

除非受到威胁，否则豪勇龙没有任何危害，但一群受惊的豪勇龙会突然狂奔并摧毁沿途的任何东西。

体形

体长：7米

身高：2米

体重：2.7~2.9吨

一种体形稍小于禽龙、长着背帆的恐龙。

00:06:22

豪勇龙（*Ouranosaurus*）

含义：勇敢的蜥蜴

发音：*oo-ran-o-SORE-uss*

　　豪勇龙是最奇特也是最易辨识的恐龙之一。这种性情温和的植食者，背部长着高且色彩不同的帆状物。豪勇龙总是疾驰游荡于非洲北部的三角洲地区，它在咀嚼植物的时候仍处于小心翼翼的警觉状态，以免落入棘龙之口。

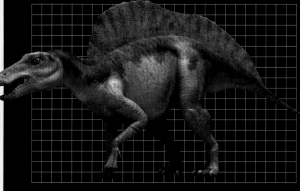

002730192100010101000027301921000 10151015

作为禽龙的近亲，豪勇龙也是一种以低矮灌木和高大树木为食的植食动物。禽龙的很多特征在豪勇龙身上也能找到，包括像马一样能切割和咀嚼植物的脑袋，具有使用两足或四足交替行走的能力以及抵御捕食者的拇指钉爪。

距离

5.2米，正在靠近

接近警报

可安全地接近

最快速度

20千米/小时

攻击性：低

拇指钉爪算仅有的一种危险"武器"，只有在受到捕食者攻击时才会使用。

快速的植食者

尽管棱齿龙是一种植食动物，但它长腿上的肌肉很发达。这种为提高奔跑速度而产生的适应特性，对没有装甲保护，还必须和多种大型肉食动物一同生活的植食者而言，无疑是至关重要的。

体形

棱齿龙是一种中等大小的植食动物。

体长：2～2.5米
身高：60～75厘米
体重：25～28千克

☠🕱🕱🕱🕱

潜在风险：低度

棱齿龙是最温顺且最不起眼的恐龙。

棱齿龙（*Hypsilophodon*）

含义：高冠牙齿

发音：*hip-SILL-oh-pho-don*

英国的河岸边常能见到棱齿龙。这种瘦小植食者的数量多得不计其数，它们以蕨类和其他低矮植物为食。棱齿龙通过群居的方式来进行防御，以防受到像新猎龙这样大型凶猛的捕食者的袭击。

化石发现

欧洲，早白垩世

棱齿龙生活在约1.25亿年前，它的化石最早被发现于英格兰南部。科学家们最初认为它生活在树上，但后来的研究表明它是一种非常强壮的奔跑者。

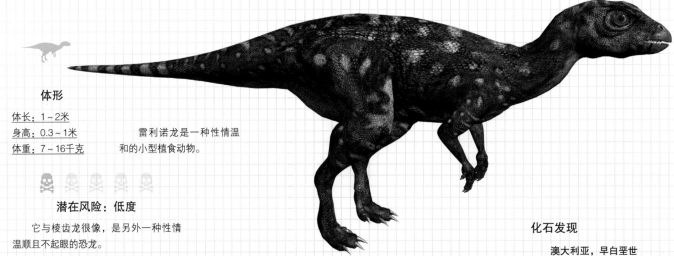

体形

雷利诺龙是一种性情温和的小型植食动物。

体长：1～2米
身高：0.3～1米
体重：7～16千克

☠🕱🕱🕱🕱

潜在风险：低度

它与棱齿龙很像，是另外一种性情温顺且不起眼的恐龙。

雷利诺龙（*Leaellynasaura*）

含义：以澳大利亚古生物学家托马斯·里奇和帕特·里奇的女儿雷利诺·里奇的名字命名

发音：*lay-ell-in-uh-SORE-ah*

植食性的雷利诺龙体形比棱齿龙还小，它能很好地适应澳大利亚黑暗寒冷的极地环境。它的眼睛很大，脑部有大型视叶（控制视觉的区域）。雷利诺龙的这些特征，让它拥有了在漫长黑夜中生存所必须具备的敏锐视觉。

化石发现

澳大利亚，早白垩世

雷利诺龙化石被发现于澳大利亚东南部地区的1亿～9000万年前的地层中，这块陆地的大部分地区在史前时期在寒冷和黑暗的笼罩之下。

潜在风险：低度

木他布拉龙通常情况下很温和，但它能用其粗大的尖钉状拇指抵御攻击者。

体长：7～7.5米
身高：2.2米
体重：1.7～1.9吨
一种小型、性情温和的植食动物。

木他布拉龙（*Muttaburrasaurus*）

含义：以澳大利亚地名木他布拉命名
发音：*mutt-a-burr-a-SORE-uss*

木他布拉龙与雷利诺龙生活在同一时代，但它的体形更大、更强壮，也是一种更常见的动物。它长而狭窄的头骨和叶状齿，适合大量地吞食叶子。

化石发现

澳大利亚，早白垩世

木他布拉龙化石是澳大利亚最常被发现的恐龙化石。1亿～9000万年前，它在寒冷黑暗的极地环境中占据统治地位。

☠ ☠ ⚐ ⚐ ⚐

潜在风险：低度

腱龙已经习惯了恐爪龙的攻击，它能用其庞大的身体来进行防御。

腱　龙（*Tenontosaurus*）

含义：肌肉发达的蜥蜴
发音：*ten-on-toe-SORE-uss*

腱龙是其所处环境中最常见的植食者，也是敏捷的驰龙类恐爪龙所偏好的猎物。腱龙肌肉发达的后肢是恐爪龙尤为喜爱的美味。

化石发现

北美，早白垩世

9000万～8000万年前，腱龙是一种在北美极为常见的动物。它的化石现在已有大量被发现。

蛇一样的尾巴

腱龙具有与多数恐龙不同的特征。它的尾巴像蛇一样，并通过骨质肌腱收缩紧绷，通常用来保持平衡。

体形

体长：7～8米
身高：1.7～2米
体重：1～1.1吨

腱龙是它所处环境中最大的植食性恐龙之一。

106389210.948.6300011628.83.8 0102734621027301106389210.948.6300011628.83.8 0102734621027301106389210.948.6300011628.83.8 6300

99

晚白垩世的恐龙

9960万~6550万年前

恐龙在晚白垩世炎热、潮湿和郁郁葱葱的环境中达到了进化的顶峰。此时，大陆已经分离，动物们演变出各种令人诧异的形态，并生活在差异明显的复杂群落中。

例如，蒙古国及中国内蒙古地区小巧的捕食者，如伶盗龙，常与似鸟的窃蛋龙以及植食性的原角龙不期而遇；而南方大陆的动物类型则完全不同，例如，当霸王龙威慑着北方的时候，独特的兽脚类阿贝力龙类（如食肉牛龙和玛君龙）却统治着南部的大陆。这种南-北划分的证据来自化石记录，其中，最丰富的化石产地之一就是位于美国蒙大拿州、北达科他州的地狱溪组地层。由于受到一颗巨大的小行星撞击地球所产生的影响，多数动物都灭绝了，但直到末日来临前的那天，恐龙们自信地统治着世界。

28.83.9 0102734621027301063 89210.948.63000116 28.83.9 0102734621027 3
6300011628.83.9 0102 7346210273010638 9210.948.6300011628.83.9

食肉牛龙（ *Carnotaurus* ）

含义：食肉的公牛

发音：*car-no-TORE-uss*

　　长着"牛角"的食肉牛龙是南美的王者。当霸王龙和其近亲恐吓着北方植食动物时，食肉牛龙毋庸置疑地位居南部捕食者的顶端。

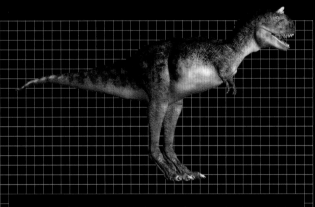

　　食肉牛龙是角鼻龙的近亲，但它们的外表差异很大。食肉牛龙最明显的特征是它独特的头骨。头骨整体短而厚重，粗糙的骨质结构支撑起砂纸般的皮肤，同时，它的眼睛上方还长着一对很有威慑力的角。

00273019210001010100027301921000101510157301921000101S

☠ ☠ ☠ ☠ ☠

潜在风险：极度

　　虽然外表怪异，但食肉牛龙体形大，速度快，身体沉重且性情残忍，能攻击任何猎物。

体形

　　一种奇特的大型肉食动物。

体长：7~9米

身高：3~3.75米

体重：2.1~2.3吨

短小的前肢

　　食肉牛龙的前肢小得有些滑稽。它的前肢甚至比人类的手还小，基本上没有什么用处，其脑袋是用来捕杀猎物的主要武器。

距离

0.5米·正在靠近·接近警报·立即离开该区域

最快速度

25千米/小时

栖息地

阿根廷，晚白垩世

　　食肉牛龙与许多蜥脚类、鸟脚类恐龙一同生活，它们或许具有群体猎食大型猎物的习性。

化石发现

阿根廷，晚白垩世

　　在阿根廷的上白垩统地层最顶部曾发现过一具保存极为精美的食肉牛龙化石。它也是南方最著名的兽脚类之一。

吸引与攻击

食肉牛龙像牛一样的角有何作用？它们有两种用途：吸引配偶和撞击猎物！

玛君龙（*Majungasaurus*）

含义：以马达加斯加一个省命名

发音：*mah-jung-o-SORE-uss*

　　玛君龙作为它所在生态系统中顶级的捕食者，是史前马达加斯加岛上的恐怖噩梦。这个可怕的肉食动物是食肉牛龙的近亲，它也会像这个长着"公牛角"的近亲一样，用巨大的头颅击倒并杀死猎物。

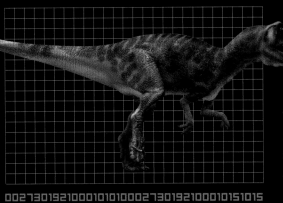

　　玛君龙与食肉牛龙都是兽脚类阿贝力龙类中的成员，当霸王龙占据着北方时，这种兽脚类动物一直游荡于南部大陆。在恐龙世界中，阿贝力龙类是最大、最可怕的捕食者，拥有粗短的头骨和强壮颈部，它们的撞击能使大型蜥脚类恐龙窒息而死。

潜在风险：极度

　　玛君龙是史前马达加斯加岛上最可怕的动物。

体形

　　一种敏捷且肌肉发达的捕食者，有时也会同类相食。

体长：7~9米

身高：3~3.75米

体重：2.1~2.3吨

104

能疾走的腿

像所有兽脚类恐龙一样，玛君龙用两足行走。它的后肢特别强壮，长满了肌肉，有助于追逐、制伏猎物。

化石发现

达加斯加，晚白垩世
已发现数以百计的
玛君龙化石，包括马达
斯加岛上一些保存非常完
的骨架化石。

栖息地

马达加斯加，晚白垩世
玛君龙和它最喜欢的
猎物（各种大型蜥脚类恐
龙）一同生活在晚白垩世
马达加斯加岛上潮湿的河
谷中。

距离

7.8米，正在靠近
接近警报
采取紧急撤离措施

最快速度

23千米/小时

攻击性：高

具有小而锋利的牙齿、长着利爪的修长前肢，足以杀死最大的蜥脚类恐龙。

霸王龙（*Tyrannosaurus*）

含义：暴君蜥蜴

发音：*ty-ran-o-SORE-uss*

霸王龙是晚白垩世当之无愧的王者。这个"暴君蜥蜴"是位于食物链顶端的捕食者。这种肉食怪物体形巨大，以至于植食动物听到它接近时沉重的脚步声就已胆战心惊了。

死亡之颌

霸王龙口中最大的牙齿长度超过30厘米。这些牙齿厚重坚固，呈锯齿状排列，强大到足以将大骨头轻松咬碎！

霸王龙作为终极的恐龙捕食者，所拥有的力量无须多说。它巨大的头骨长度接近1.5米。颌部布满了50多个香蕉般大小的牙齿，脑容量大且大脑发育良好。

0027301921000101010002730192100010151015730192100010 15

01027346210211628.83.9 010273462102

潜在风险：极度

陆上没有能与霸王龙力量相匹敌的动物。它所具有的速度和智慧，让其变得更加危险。猎物们应尽可能地避开它。

体形

有史以来最可怕的大型肉食动物。

体长：12~13米

身高：4~4.3米

体重：6~7吨

距离

2.1米，正在靠近·接近警报·立即撤离

最快速度

23千米/小时

栖息地

北美，晚白垩世

霸王龙与甲龙、三角龙和地狱溪生态系统中的其他生物，一同生活在河流泥沙淤积形成的葱郁的泛滥平原上。

化石发现

北美，晚白垩世

距今6600万年前，在美国西部的地狱溪组地层里常能发现霸王龙化石。这也清楚地表明它是一种占统治地位的捕食者。

长着羽毛的脑袋

　　和多数兽脚类相似，霸王龙也长着羽毛。覆盖在其颈部的多彩羽毛形成了一副长鬃，用来吸引配偶和吓退同类竞争对手。

栖息地

亚洲，晚白垩世

大约6600万年前的晚白垩世，特暴龙在亚洲大地上猎食着蜥脚类和大型鸟脚类恐龙。那时的蒙古不像现在被沙漠所覆盖，气候温暖而湿润，是许多物种繁衍生息的家园。

0102734621027301063892l0.948.6300011628.83.9

特暴龙（*Tarbosaurus*）

含义：令人害怕的蜥蜴

发音：*tar-bo-SORE-uss*

特暴龙是霸王龙在亚洲的远亲。这个可怕的肉食者，有力地震慑着它所在的生态系统，贪婪地吞噬任何它可以找到的猎物。它的体长超过12米，体重超过6吨，是一个真正的庞然大物。

250 —

骨骼粉碎机

特暴龙与霸王龙的关系，好比狮子和老虎那样。特暴龙就像霸王龙的远亲，拥有一个和人身高差不多的脑袋，其香蕉般大小的牙齿能够嚼碎猎物的骨头。不过霸王龙喜好猎杀三角龙，而特暴龙则偏好像纳摩盖吐龙这种大型蜥脚类恐龙。

特暴龙体形巨大，不善于奔跑，但仍能追上所捕食的猎物。

距离

6.3米，正在靠近

接近警报

隐蔽躲藏，不要移动

最快速度

23千米/小时

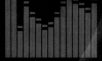

0027301921⓪

搏斗之臂

特暴龙的上肢和霸王龙十分相似——出奇的小，但上面长着发达的肌肉，很有力量。它们能够用上肢牢牢抓住在它们嘴里拼命挣扎的猎物，牙齿可以用来撕咬猎物。

强劲的咬合

特暴龙拥有恐龙王国中最强大的咬合力。粗壮的牙齿和结实的颌肌能让它像鬣狗一样咬穿猎物的肌肉和骨头。

体形

史上最恐怖的肉食者的近亲。

体长：12~13米

身高：4~4.3米

体重：6~7吨

0102734621027301063892l0.948.6300011628.83.9 0102734621027301063892l0.
948.6300011628.83.9 0102734621027301063892l0.948.6300011628.83.900273
46210273010638921.948.6300011628.83.9 0102734621027301063892l0.948.
300011628.83.9

化石发现

亚洲，白垩纪中期

1993年，在中国内蒙古地区发现了一具保存近乎完整的阿拉善龙化石。通过对该化石进行研究得知，阿拉善龙是镰刀龙类中最早的成员。

剥树皮的快手

看到阿拉善龙异乎寻常的爪，我们便能立即认出它。这些极其怪异的爪通常用来干两件事：吓跑大型肉食动物和剥树皮。大多数植食性恐龙没有这么大的爪，所以它们对那些营养丰富的食物可望而不可即。

栖息地

亚洲，白垩纪中期

阿拉善龙生活在大约1.05亿年前，此后不久，亚洲板块开始与北美板块碰撞，欧洲板块则在很长一段时期里处于孤立状态。

潜在风险：中度

阿拉善龙通常是一种温和的植食动物，它镰刀状的爪可以用于对付捕食者或任何冒险接近它的动物。

体形

一种长爪的怪物。

体长：3.5～4米

身高：1.75～2米

体重：350～400千克

吃到最好的食物

对兽脚类恐龙来说，阿拉善龙的颈部非常长。这是对够取高大树木上营养丰富枝叶的一种适应进化，但对于一般食肉的兽脚类来说，则完全无须担心这些。

阿拉善龙（*Alxasaurus*）

含义：以中国内蒙古阿拉善沙漠命名

发音：*al-ksa-SORE-uss*

还有看上去比阿拉善龙更怪异的恐龙吗？这个大腹便便的植食者，样子看起来介于懒散和愚蠢之间，但实际上它是肉食性兽脚类的主要成员。

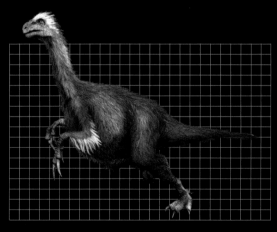

阿拉善龙具有几个奇异的特征：它的脑袋小，长满用于咀嚼植物的叶状齿；它的后肢长，支撑了包括大肚子在内整个身体的重量；最奇怪的也许是，它的每个指头都长着引人注目的纤长细爪，长达1米！

002730192100010101000273019210001015101S

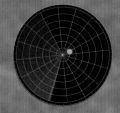

距离

4.1米,正在靠近

接近警报

可小心地接近

最快速度

30千米/小时

攻击性：中

应尽量避开它的爪，由于缺乏锋利的牙齿和强大的咬合力，阿拉善龙的威胁显得要小得多。

潜在风险：高度

生活在对霸王龙和驰龙的双重恐惧中的植食性恐龙真的很不走运。驰龙体形小巧，对某些猎物仅构成很小的威胁，但它们集体猎食时却十分强大。

栖息地

北美，晚白垩世

驰龙生活在令人窒息的晚白垩世，当时暴雨不断，海平面升高，热浪炙烤着大地。

驰 龙（*Dromaeosaurus*）

含义：奔跑的蜥蜴

发音：*dro-me-oh-SORE-uss*

习惯群体猎食的驰龙活在丑陋的霸王龙的阴影之下，它能凭借敏锐的感觉和致命武器，尤其是第二趾上的大爪来肢解猎物。

250 —

0 —

群体的力量

驰龙类是兽脚类中的主要成员，驰龙类通常被称为"盗龙类"。驰龙仅比一只大型犬稍大。但是，驰龙通过集体猎食的方式，能制服比它自身大得多的猎物。通常情况下，一群驰龙会缓慢地接近猎物，形成包围，然后从侧翼发起攻击。

驰龙肌肉发达的腰带和僵硬的尾巴，能让它飞速扑向猎物。

猎食者——食腐者

驰龙的头骨很长，骨骼厚重，长着坚固的牙齿，其头骨属于驰龙类中最坚固的头骨之一。这种头骨让它既能捕食大型猎物，又能吃自己送上门来的免费"午餐"——动物的腐尸。

距离

5米，正在靠近
接近警报
建议采取躲避措施

最快速度

35千米/小时

体形

一种体形较小，并习惯于群体觅食的捕食者。

体长：1.5～2米

身高：46～70厘米

体重：15～35千克

伶盗龙（*Velociraptor*）

含义：敏捷的盗贼
发音：*vel-oss-ih-rap-TOR*

伶盗龙是最聪明且最狡猾的恐龙。尽管伶盗龙的体形稍大于大型犬，但由于其敏锐的感觉和群体猎食的习性，它能战胜体形比自身大10倍的猎物。

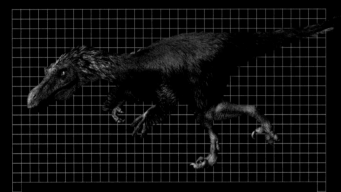

伶盗龙的智力和敏捷性，能让你联想起鸟类敏锐的感觉和动作，所以说，两者间若存在密切关系，也不会令人感到惊奇。伶盗龙的上肢像鸟类一样长着大片的羽毛，尽管它不能飞，但在追逐猎物时能利用这些羽毛控制身体。

00273019210001010002730192100010151015730192100010 15

灵巧的手臂

伶盗龙的上肢能像鸟类的翅膀一样，折叠后贴覆身体。伶盗龙的腕关节灵活得惊人，能让上肢划出一个很大的弧度，使它能够从各个角度攻击猎物。

01027

潜在风险：极度

伶盗龙是最强大的捕食者，它能凭借攻击性和敏锐的智力战胜猎物。

体形

一种小型捕食者，它高超的智力弥补了体形的不足。

体长：1.5~2米
身高：46~70厘米
体重：15~18千克

距离

正在靠近·接近警报·紧急警报

2.3米

最快速度

36千米/小时

栖息地

亚洲，晚白垩世

伶盗龙与许多恐龙一同生活，包括它最爱的猎物——原角龙。它们栖息在一片常被洪

化石发现

亚洲，晚白垩世

伶盗龙化石被发现于蒙古国及中国内蒙古地区的戈壁沙漠中，这里的环境多风干旱。

恐怖的趾爪

　　驰龙类（或称"盗龙类"）最大的特征就是脚上第二趾的大爪。爪自身能轻松自由地活动，便于抓住猎物的腹侧。一旦得手，爪就会撕裂猎物的血管，扯下猎物的肌肉。

伤齿龙（*Troodon*）

含义：受损的牙齿

发音：*TROO-o-don*

　　苗条纤巧的伤齿龙属于一种擅长偷袭的捕食者。这种杂食动物通过突然加速的方式接近目标，然后在数秒之内杀死仍处于惊吓中的猎物。

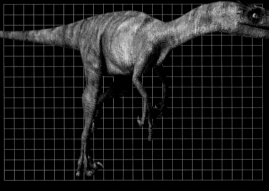

　　伤齿龙类是另一群似鸟类的兽脚类恐龙中的典型成员。这些恐龙与驰龙类很相似，两者密切相关，都与鸟类进化有关。但是，伤齿龙类不像驰龙类，它也能吃植物，虽然它能很好地适应奔跑和捕猎，但在无肉可吃的情况下，也以植物叶茎为食。

002730192100010101000273019210001015101S

潜在风险：高度

植物和植食性恐龙都能被这个奇怪的杂食动物大口吞下。要对它敏锐的感觉和极快的速度保持警惕。

体形

一种小型杂食动物，能轻易地捕获大型猎物。

体长：1.5～2米

身高：50～70厘米

体重：50千克

善于奔跑者

伤齿龙体形瘦小，身体呈流线型。中空的骨骼和肌肉发达的腿能让伤齿龙长时间快速奔跑。

化石发现

北美，晚白垩世

1856年，伤齿龙首次被发现，并依据一个单独的牙齿化石而命名。尽管后来又提据了保存得更好的化石，但伤齿龙仍是北美恐龙中化石最为罕见的种类之一。

栖息地

北美，晚白垩世

伤齿龙在北美生活的时候，这块大陆被一个从北极延伸至墨西哥湾的巨大内陆海一分为二。

距离

3.1米，正在靠近
接近警报
建议采取撤离措施

最快速度

35千米/小时

攻击性：高

伤齿龙像伶盗龙一样，具有罕见的武器组合：一流的智力、锋利的牙齿、恐怖的爪和风一样的速度。

鸭嘴般的喙

似鸡龙的头骨高度适应其生存环境。它像鸭嘴般的喙可以捉住小型哺乳动物，也能从河里捕获微小的无脊椎动物。

体形

体长：5~6米
身高：2.5~3米
体重：160~220千克
似鸡龙看起来很像一只大号的鸡。

有力的支撑

似鸡龙细长的后肢支撑着其全部体重，所以其后肢肌肉很发达。

潜在风险：低度

似鸡龙是一种兽脚类恐龙，但不同寻常的是它并不是肉食动物。

似鸡龙（*Gallimimus*）

含义：鸡的模仿者
发音：*gall-ee-MIME-uss*

化石发现

亚洲，晚白垩世

距今7000万~6500万年前的晚白垩世，在蒙古国常能见到似鸡龙。它的化石保存欠佳，但也能发现很多鸟类的特征。

似鸡龙就像是白垩纪的鸵鸟。这类兽脚类就像不会飞行的大鸟：覆盖着羽毛，有喙，没有牙齿。它也具有很长的腿，能通过快速奔跑躲避像特暴龙这样凶猛的捕食者。

潜在风险：很低

窃蛋龙强壮的喙更可能是用来夹碎坚果，而不是当作武器。

窃蛋龙（*Oviraptor*）

含义：偷蛋的贼
发音：*oh-vih-rap-TOR*

怪异的羽毛

窃蛋龙整个身体都覆盖着浓密的羽毛，但这些羽毛不同于鸟类的飞羽。不过，简单的纤维状组织可用于保暖、展示以及为巢里的蛋保温。

外形怪异的窃蛋龙看起来更像外星动物，而不是兽脚类恐龙。它是速度最快、体重最轻、最像鸟类的恐龙之一。它的头骨没有牙齿，顶端长着华丽的冠饰以吸引配偶。

对小型脊椎动物来说很危险，对其他动物则没有什么威胁。

似鹈鹕龙（*Pelecanimimus*）

含义：鹈鹕的模仿者

发音：*pell-eh-can-ih-MIME-uss*

似鹈鹕龙是似鸡龙的原始远亲，但和这位更出名的亲属相比，似鹈鹕龙有一张布满几百颗小牙齿的嘴巴。事实上，它牙齿的数量比任何一种兽脚类恐龙都要多。

体形

似鹈鹕龙是似鸡龙的"迷你版本"。

体长：2~2.5米
身高：1~1.25米
体重：25~40千克

化石发现

欧洲，早白垩世

西班牙的昆卡地区曾发现过一具似鹈鹕龙化石标本，同时还发现了大量保存精美的鸟类化石。

颊囊

似鹈鹕龙的下颌处长着一个颊囊。许多水生鸟类也有这样一个存放鱼类的食囊。

体形

体长：2~2.5米
身高：1~1.25米
体重：35~40千克
个头和体重都小于一个成年人。

长着喙的脑袋

窃蛋龙的头骨轻，长着一副没有牙齿的喙——用来夹碎坚果和贝类。

化石发现

亚洲，晚白垩世

20世纪90年代，在蒙古国及中国内蒙古地区发现的窃蛋龙化石表明它在保护自己巢穴里的蛋，终止了人们对它"窃蛋"的误解。

甲 龙（*Ankylosaurus*）

含义：坚固的蜥蜴

发音：*ang-ki-lo-SORE-uss*

　　甲龙与霸王龙生存在同一时代，这种温和的植食动物几乎全副武装：摆动的尾锤，竖着排列的棒状棘，尖刺和骨板。连世界上最凶猛的掠食者都能被它刺穿。

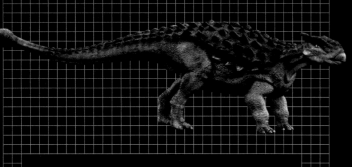

　　甲龙是一种体形大而迟缓的动物。它比人略高，但体长却远远超过一头大象。沉重的盔甲使它的行动比其他任何动物都要缓慢。它是鸟臀目中的类群——甲龙类中最为人所熟知的成员。

002730192100010101000273019210001015101573019210001015

潜在风险：中度

　　甲龙这种多数时间里都性情温和的植食动物，可用其尾锤威胁捕食者。它的尾锤能轻易击碎捕食者的脑袋。

体形

体长：8～10米

身高：2～2.75米

体重：5.8～8吨

一种如同巨型犰狳的、外形丑陋且躯体沉重的动物。

骨化头部

　　甲龙的脑袋相对于其身体而言显得很小，长度不超过50厘米。就像所有甲龙类，它的头骨愈合形成一种坚固的构造，长满了用于咬切植物的叶状齿。

距离

3.3米，正在靠近·接近警报·小心地靠近

最快速度

8千米/小时

栖息地

北美，晚白垩世

　　6500万年前，甲龙、霸王龙和三角龙共同生活在北美的泛滥平原上。当时的气候比现在要温暖湿润得多。

化石发现

北美，晚白垩世

　　现已发现大量的甲龙化石，尤其是零散的骨板和骨钉，它们与霸王龙的骨骼化石埋藏在同一套地层中。

潜在风险：低度

慈母龙自身没有武器，必须通过群体活动来保护自己免受掠食者的攻击。

慈母龙（*Maiasaura*）

含义：好妈妈蜥蜴

发音：*my–uh–SORE–uh*

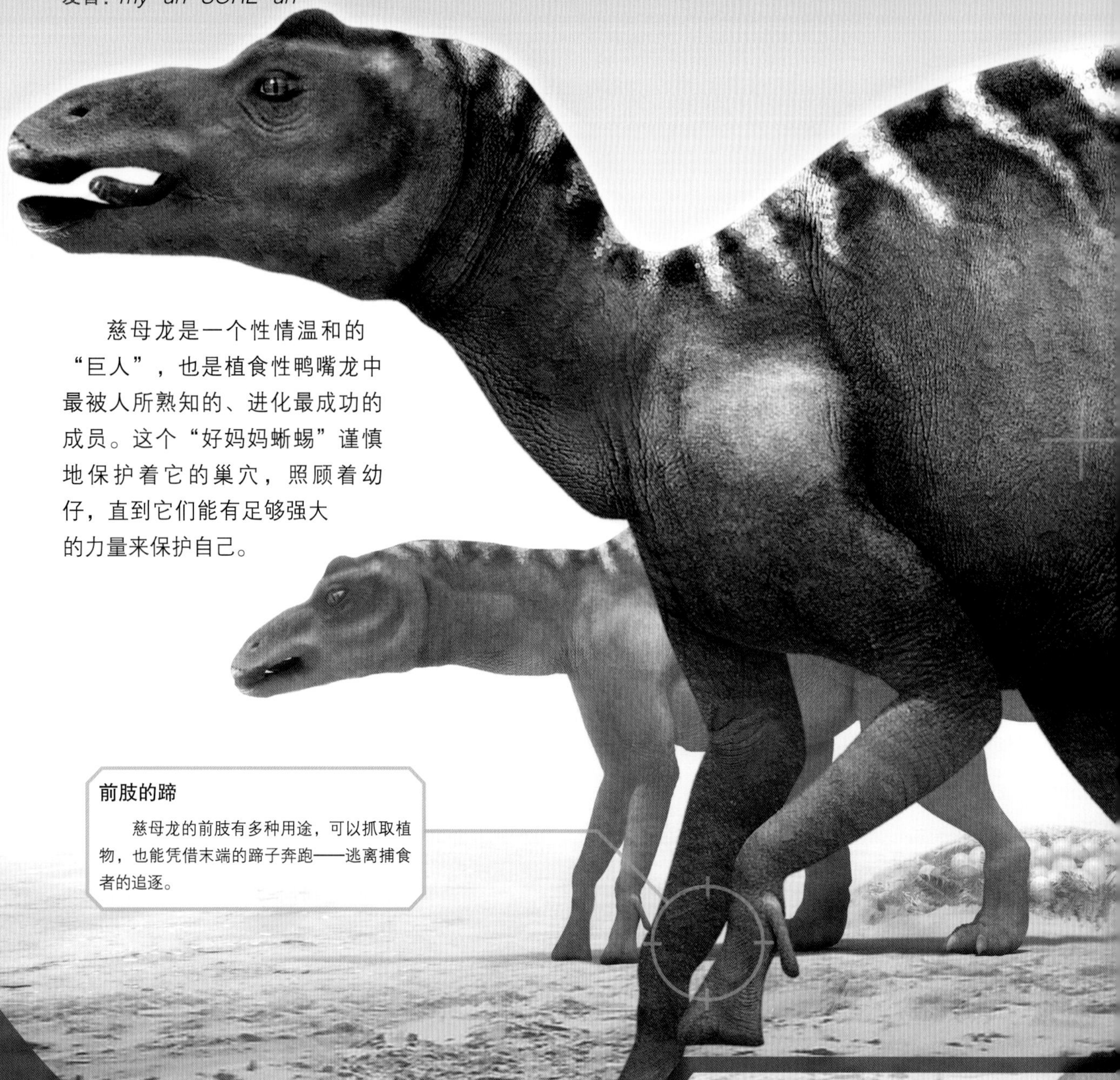

250 —

慈母龙是一个性情温和的"巨人"，也是植食性鸭嘴龙中最被人所熟知的、进化最成功的成员。这个"好妈妈蜥蜴"谨慎地保护着它的巢穴，照顾着幼仔，直到它们能有足够强大的力量来保护自己。

0 —

前肢的蹄

慈母龙的前肢有多种用途，可以抓取植物，也能凭借末端的蹄子奔跑——逃离捕食者的追逐。

距离

10.7米，正在靠近

接近警报

请小心地接近

最快速度

20千米/小时

北美，晚白垩世

在美国蒙大拿州的一处化石点已发现了上万具慈母龙的化石，包含了从弱小幼年到大型成年各个阶段的化石个体。

大"龙"蛋

慈母龙是一种常见的鸭嘴龙。它的头骨很长，有一个向下弯曲的喙，用来剪切植物。颌部挤满了许多能将植物咀嚼研磨成碎片的小牙齿。它的蛋像橄榄球那么大，慈母龙一次能产下30~40个。

慈母龙身体的重心位于臀部，可以用两足站立，也可以用四肢行走。

00273019210001015I015

快速生长

慈母龙通常习惯群体大批筑巢，一次产下很多蛋。刚孵化出的小家伙很脆弱，在能够走出巢穴前，必须由它们的父母喂养。然而，慈母龙生长的速度很快，所以哺育期仅持续几个月。

体形

一种生长迅速的大型植食动物。

体长：9米

身高：3米

体重：3吨

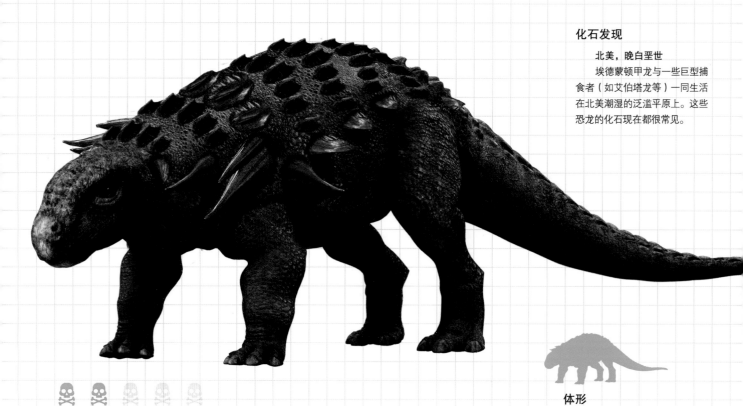

化石发现

北美，晚白垩世
埃德蒙顿甲龙与一些巨型捕食者（如艾伯塔龙等）一同生活在北美潮湿的泛滥平原上。这些恐龙的化石现在都很常见。

潜在风险：低度
埃德蒙顿甲龙是一种安静而没有任何威胁的植食动物，仅在被侵犯时才会具有攻击性。

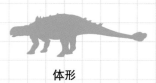

体形

一种体形巨大的、笨重的"坦克"般的动物。

体长：6~7米
身高：1.8~2.1米
体重：4~5吨

埃德蒙顿甲龙（*Edmontonia*）

含义：以加拿大阿尔伯特省埃德蒙顿地区命名
发音：*ed-mon-TONE-e-uh*

虽然不断面临着被霸王龙攻击的风险，但甲龙类中的埃德蒙顿甲龙仍能凭借全身的铠甲和肩部锋利的骨钉，获得很好的保护。埃德蒙顿甲龙行动缓慢，如果和敌人发生对峙，它一定会坚守自己的领地。

潜在风险：低度
它是一种植食动物，但是包括捕食者在内，所有动物都应远离它。

体形

体长：5~6米
身高：1.2~1.8米
体重：2~4吨
虽然包头龙的个头小于埃德蒙顿甲龙，但它仍然是一个身体沉重、行动笨拙的家伙。

包头龙（*Euoplocephalus*）

含义：防卫良好的头部
发音：*u-oh-plo-CEPH-uh-luss*

一种最常见的甲龙，包头龙因其有效的防御性武器而得以大量繁衍。对于像艾伯塔龙这样的捕食者，很难咬穿包头龙厚重的装甲。但是，捕食者也很少能有这种机会，因为这种甲龙一发现有被攻击的迹象，首先就会挥起它的球状尾锤。

潜在风险：低度

　　萨尔塔龙仅在被捕食者侵犯的情况下，才会做出具有攻击性的行为。

萨尔塔龙（*Saltasaurus*）

含义：以阿根廷的萨尔塔省命名

发音：*sal-tah-SORE-uss*

　　以蜥脚类的标准来说，萨尔塔龙的体形较小。它是南美生态系统中占统治地位的植食动物，其身体具有独特的防护盔甲，让你在很远处就能一眼认出它。这种防御方式能有效对抗像食肉牛龙这种兽脚类阿贝力龙类的成员。

化石发现

南美，晚白垩世

　　萨尔塔龙生活在距今7000万~6500万年前的阿根廷，并经历了白垩纪最后的日子。在古河道岸边广阔的筑巢地曾发现过许多它的恐龙蛋化石。

体长：12米
身高：3.3米
体重：6~7吨
萨尔塔龙是一种小型蜥脚类恐龙，但对于大多数恐龙来说，它仍算大块头。

体形

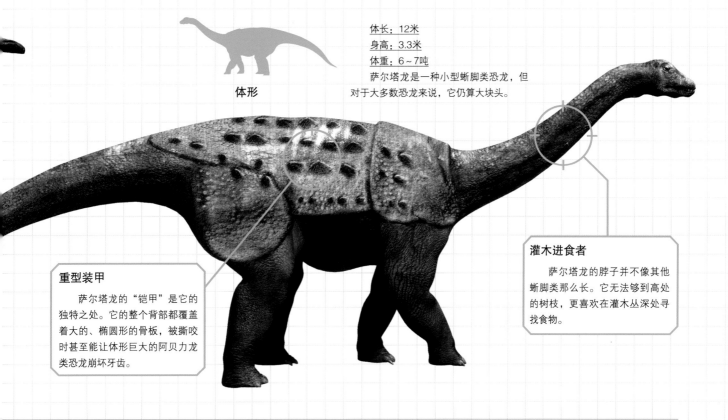

灌木进食者

　　萨尔塔龙的脖子并不像其他蜥脚类那么长。它无法够到高处的树枝，更喜欢在灌木丛深处寻找食物。

重型装甲

　　萨尔塔龙的"铠甲"是它的独特之处。它的整个背部都覆盖着大的、椭圆形的骨板，被撕咬时甚至能让体形巨大的阿贝力龙类恐龙崩坏牙齿。

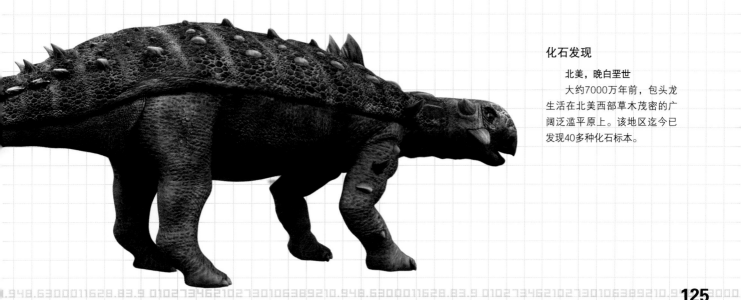

化石发现

北美，晚白垩世

　　大约7000万年前，包头龙生活在北美西部草木茂密的广阔泛滥平原上。该地区迄今已发现40多种化石标本。

628.83.9 0102734621027301063 9210.948.63000116 28.83 9 0102734 6210273
6300 1628.83.9 0102 734621027 301063 9210.948.6 3000116 28.83.9

副栉龙（*Parasaurolophus*）

含义：有冠饰的蜥蜴的近亲
发音：*par-ah-SORE-oh-loph-us*

　　副栉龙行走时发出的厚重的隆隆声回荡在晚白垩世的大陆上。这些植食动物组成的巨大龙群在陆地上游荡，用吼叫所组成的"交响乐"宣告它们的存在。

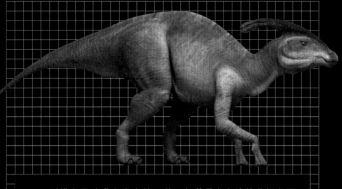

　　副栉龙是鸭嘴龙类中的一种，与慈母龙和埃德蒙顿龙同属一个类群。头顶弯曲的冠饰长约1.25米。冠饰内部连接鼻孔的空腔内充满了迷宫般复杂的管状结构。

002730192100010100027301921000101510157301921000 1015

潜在风险：非常低

　　副栉龙和其他鸭嘴龙类一样没有防御性武器，所以只能依靠它庞大的身躯及龙群中的同伴获得团队的保护。

体形

一种长着明显冠饰的大型植食动物。
体长：7.8～10米
身高：2.3～3米
体重：4～6吨

01027

距离
1.2米，正在靠近·接近警报·可安全地接近

最快速度
20千米/小时

栖息地

北美，晚白垩世
　　大约7500万年前，颜色鲜艳的副栉龙成群穿行在北美平原上，其中一些群体的数目多达上千只。

化石发现

北美，晚白垩世
　　在加拿大阿尔伯塔风景如画的红鹿河荒地中常能见到副栉龙的化石。在历经了数百万年的侵蚀作用之后，那里形成了现在的地质景观。

发声系统

　　引人注目的冠饰有什么用处？它可以作为吸引配偶的"展示品"，能发出多种声音与同类联系的"扩音器"及保持凉爽的"散热器"。

晚白垩世

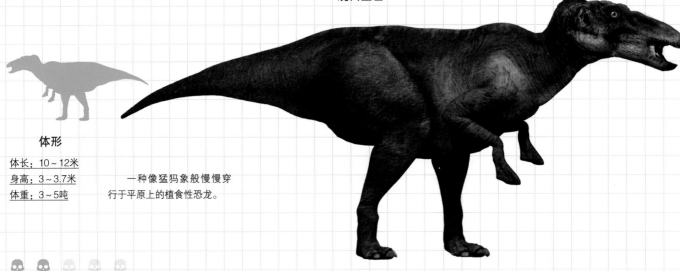

体形

体长：10~12米
身高：3~3.7米
体重：3~5吨

一种像猛犸象般慢慢穿行于平原上的植食性恐龙。

☠☠☠☠☠

潜在风险：低度

即使是霸王龙，也害怕激怒强壮而庞大的大鸭龙。

大鸭龙（*Anatotitan*）

含义：巨型鸭子

发音：*AN-at-oh-tit-an*

大鸭龙是曾生存过的最大的鸭嘴龙类恐龙之一。它和埃德蒙顿龙是近亲，体形却大很多，最大的个体能达到12米长，拥有和霸王龙一样的体形。实际上，大鸭龙凭借其庞大的体形就能吓跑饥饿中的霸王龙。

化石发现

北美，晚白垩世

大约6500万年前，大鸭龙生活在北美西部的泛滥平原上。这种恐龙化石发现得相对较少，但我们对它的外表仍能有较好的认识。

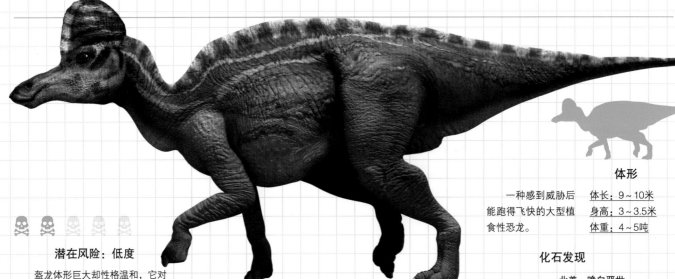

☠☠☠☠☠

潜在风险：低度

盔龙体形巨大却性格温和，它对捕食者的唯一防御措施就是奔跑。

盔龙（*Corythosaurus*）

含义：戴头盔的蜥蜴

发音：*co-rith-oh-SORE-uss*

原意为"戴头盔的蜥蜴"的植食性盔龙是一道奇特的风景。这种巨大的植食性鸭嘴龙拥有任何恐龙所不具备的奇特冠饰。它的冠饰巨大，外形圆滑且内部中空，很像一个头盔。另外，冠饰还向上直立，这是在向可能成为配偶的同类展示它是如何强壮，多么般配。

一种感到威胁后能跑得飞快的大型植食性恐龙。

体形

体长：9~10米
身高：3~3.5米
体重：4~5吨

化石发现

北美，晚白垩世

盔龙和它的近亲赖氏龙，常被发现于加拿大阿尔伯塔地区8000万年前的地层中。那时，它们生活的地区气候温暖，时常有暴雨来袭。

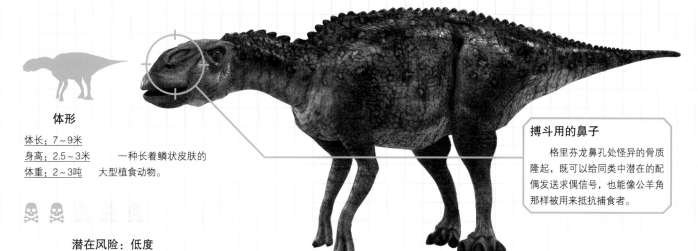

体形

体长：7～9米
身高：2.5～3米
体重：2～3吨

一种长着鳞状皮肤的大型植食动物。

☠ ☠ ⚔ ⚔ ⚔

潜在风险：低度

格里芬龙就像盔龙，是一种性情温和的恐龙，一般不构成威胁。

格里芬龙（*Gryposaurus*）

含义：长着鹰钩鼻的蜥蜴

发音：*gry-po-SORE-uss*

格里芬龙是最多样的、也是最常见的植食性鸭嘴龙类。它不像许多近亲那样用华丽的冠饰吸引配偶，鼻子上却长着很笨拙的隆起物。如同大多数鸭嘴龙一样，格里芬龙可以用两足或四足交替行走，这取决于它是在进食还是在奔跑。

搏斗用的鼻子

格里芬龙鼻孔处怪异的骨质隆起，既可以给同类中潜在的配偶发送求偶信号，也能像公羊角那样被用来抵抗捕食者。

化石发现

北美，晚白垩世

晚白垩世，格里芬龙遍及北美大陆。从加拿大北部、墨西哥南部到美国犹他州西部等地区均发现过它的化石。

体形

体长：9～15米
身高：3～4.5米
体重：3～8.5吨

一种大型鸭嘴龙，冠饰的长度接近成年男子身高的一半。

☠ ☠ ⚔ ⚔ ⚔

潜在风险：低度

就像大多数鸭嘴龙一样，赖氏龙仅在被激怒的时候才具有攻击性。

赖氏龙（*Lambeosaurus*）

含义：以古生物学家劳伦斯·赖博的名字命名

发音：*lam-bee-oh-SORE-uss*

赖氏龙在体形和外形方面几乎与其近亲盔龙相同，但它们的冠饰存在明显区别。赖氏龙是斧状冠饰：刃部高，眼睛上方部分弯曲隆起，柄部延伸至头颅后方的薄片状突起处。

化石发现

北美，晚白垩世

赖氏龙的化石在加拿大上白垩统地层中很常见，在墨西哥南部也有发现。在赖氏龙生活的时期，这两个地区被浅海环绕，气候湿润。

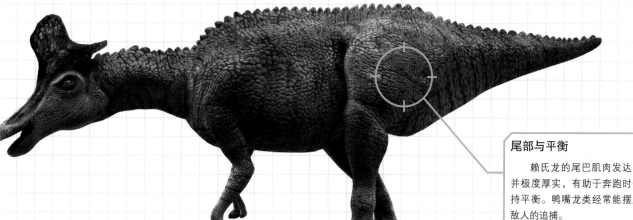

尾部与平衡

赖氏龙的尾巴肌肉发达，并极度厚实，有助于奔跑时保持平衡。鸭嘴龙类经常能摆脱敌人的追捕。

01027346210273010638921Ø.948.63ØØØ11628.83.9 Ø1Ø27346210273010638921Ø.
948.63Ø0011628.83.9 01027346210273010638921Ø.948.63ØØØ11628.83.9 01Ø273
46210273010638921Ø.948.63ØØ011628.83.9 01Ø27346210273010638921Ø.948.63
Ø0011628.83.9

颈盾

如同所有角龙类，原角龙头骨后部延伸出一个长而薄的颈盾。颈盾能作为吸引配偶的装饰物，同时也具有一个宽大的肌肉附着面与强健的颌部肌肉相连——让这种动物能不断地咀嚼植物。

化石发现

亚洲，晚白垩世

在著名的戈壁沙漠地区的上白垩统地层中常能见到原角龙的化石，目前已发现了数千具骨骼化石。

栖息地

亚洲，晚白垩世

在晚白垩世亚洲的沙丘地带，原角龙通常以小群体聚集的方式活动。这种环境虽然干旱，但偶尔也会遭遇反常的暴风雨的袭击。

潜在风险：低度

原角龙就像一只羊那么大，性格也同样温顺。

体形

一种性情温和的植食动物。

体长：1.5~2米

身高：50~67厘米

体重：240千克

原角龙（*Protoceratops*）

含义：早期长着角的脸
发音：*pro-toe-SER-a-tops*

　　长着喙的原角龙，是我们所熟知的三角龙的更小、更原始的近亲。原角龙在蒙古国的沙丘地带极为常见，它在那里咀嚼植物的同时，还在不停张望，提防着它最大的敌人——非常危险的伶盗龙。

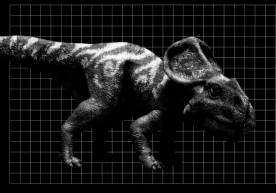

原角龙虽然比它更为有名的近亲更小、更普通，但它具有许多角龙类的典型特征：用四条腿缓慢行走；用其鹦鹉般的喙啃食低矮灌木丛；颌部具有一系列小牙齿，组合成剪刀般的剪切面。当然，原角龙脑袋后方还长着大型颈盾。

002730192100010101000273019210001015 1015

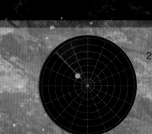

距离
2.3米，正在靠近
接近警报
可安全地接近

最快速度
20千米/小时

攻击性：低
如果被逼上绝路，原角龙会用脸颊上的角撞击捕食者，除此之外，它没有其他攻击性。

潜在风险：极度

不是所有的恐龙都能与霸王龙面对面对峙，并活着记住这一幕。三角龙锋利的角能使霸王龙毙命。

栖息地

北美，晚白垩世

成年三角龙属于独居动物，但幼年个体常在河岸边群体活动，从而互相保护，以免被霸王龙"骨骼粉碎机"般的大嘴所吞噬。

0102734621027301063892l0.948.6300011628.83.9

三角龙（*Triceratops*）

含义：长着三只角的面孔

发音：*try-SER-a-tops*

三角龙就像它的对手霸王龙，是所有恐龙中最易辨别的种类之一。头上的三只角和盾牌般的颈盾，都是它区别于其他动物的显著特征。

三重打击

三角龙是角龙类中体形最大的成员，常能在北美河流沿岸及泛滥平原见到。仅头骨的长度就超过3米，是有史以来最大的陆地动物之一。它足以致命的长角，让霸王龙在对它发起攻击前必须再三考虑。

三角龙的颈盾十分坚固，比一张台球桌还大，能经得住霸王龙的撕咬。

尖锐攻击

三角龙鼻子上方有一只独立的短角，两只眼睛上方还各有一只更粗壮、更长的角。这些角可以抵御霸王龙的攻击，还能用来和同类争夺配偶。

250

0

距离

71.3米，正在靠近
接近警报
立即撤退

最快速度

15千米/小时

0027301921 0
01027346210273010638 9

化石发现

北美，晚白垩世

三角龙化石在美国西部地狱溪组的地层极为常见。迄今已发现数百具小巧的幼年个体和发育成熟的成年个体化石。

体形

头骨长度超过一个成年男子的平均身高，是长着三只角的"巨人"。

体长：8~9米

身高：2.4~3米

体重：8吨

颌骨

鹦鹉嘴龙就像所有角龙类那样，上颌骨前端具有一块额外的骨头，这块喙骨构成了用来切割植物的利喙的一部分。

体形

体长：1~2米

身高：35~70厘米

体重：25千克

一种小巧、安静的植食动物。

潜在风险：非常低

温顺而胆小的鹦鹉嘴龙，对其他恐龙和探险者没有任何威胁。

鹦鹉嘴龙（*Psittacosaurus*）

含义：鹦鹉般的蜥蜴

发音：*sit-ack-o-SORE-uss*

角龙类恐龙通常具有饰物或锥刺，鹦鹉嘴龙是其中体形最小且最原始的恐龙之一。它常见于蒙古国干旱的沙丘，是像伶盗龙这种驰龙类最喜欢的"点心"。像其他角龙一样，它也借助尖锐的喙和厚重的颌肌来啃食植物。

化石发现

亚洲，早白垩世

早白垩世，鹦鹉嘴龙遍布整个亚洲大陆。现已发现超过400具化石标本，至少可以归为8个不同的种。

体形

体长：7~8米

身高：2.3~2.4米

体重：5~7吨

长着所有恐龙中最大、最怪异的头骨。

潜在风险：中度

激怒牛角龙，你将面对长度超过2米的愤怒之角！

牛角龙（*Torosaurus*）

含义：公牛般的蜥蜴

发音：*tor-oh-SORE-uss*

庞大且具有长角的牛角龙是北美泛滥平原上一道独特的景象。这个巨大的植食动物拥有恐龙中相对于自己身体而言最大的脑袋。它色彩缤纷，长着颈盾的头骨长度超过体长的40%。它巨大的角能够击退捕食者，具装饰作用的颈盾可以吸引配偶。

化石发现

北美，晚白垩世

化石记录显示：7000万~6500万年前，牛角龙在美国西部和加拿大地区游荡，直到恐龙时代结束。

激怒这种平常性情温和的植食性恐龙，会有被9只利角刺伤或刺死的风险。

戟龙（*Styracosaurus*）

含义：有尖刺的蜥蜴

发音：*sty-rack-o-SORE-uss*

让戟龙引以为傲的是头部上那组所有角龙类中最怪异的装饰物。鼻子上部突起一只巨大的独角，两颊各突起一只角，巨大颈盾的边缘还环绕着6只角。这9只角意味着戟龙已做好迎战像霸王龙这类大型肉食动物的准备。

体长：5～5.5米

身高：1.5～1.65米

体重：2～3吨

一种大型植食性恐龙，它所拥有的力量能抵御一些更为恐怖的捕食者。

体形

颈盾上的角

环绕在颈盾边缘的6只角通常用于展示，而不是防御。但其中两只位于中间的角与鼻角相比，更长、更锋利，可以用来攻击捕食者。

化石发现

北美，晚白垩世

在加拿大阿尔伯塔省立恐龙公园内7500万年前的古老地层中曾发现一些戟龙化石。

当受到威胁时，这个原野上的植食性恐龙会用庞大的身体作为主要武器。

野牛龙（*Einiosaurus*）

含义：野牛般的蜥蜴

发音：*ie-nee-oh-SORE-uss*

若听到广阔的平原上回响着雷鸣般的声音，就意味着很快就要见到一群长着皱褶的植食性野牛龙。这种角龙类具有与其近亲不同的特征：鼻子上方长着一只向前弯曲的短粗的角，很像我们常用的开瓶器。

体形

体长：7.2～7.6米

身高：2.1～2.3米

体量：4.5～5吨

大型角龙之一，它开瓶器般的鼻子能轻易将一个人戳穿。

化石发现

北美，晚白垩世

野牛龙发现于美国蒙大拿地区约7500万年前的双麦迪逊组地层中。两处骨床中已经至少发现15具化石个体。

野牛龙的头骨的确非常奇怪，除了奇特的鼻子外，颈盾处还有两只大尖角，边缘具有许多瘤状凸起。

628.83.9 01027346210273010638921O.948.630001162B.83.9 0102734621O273
6300011628.83.9 0102734621027301063892l0.948.63000l162B.83.9

肿头龙（*Pachycephalosaurus*）

含义： 头顶厚重的蜥蜴

发音： *pack-ee-seph-uh-LOW-sore-uss*

就像有些科幻电影里一样，具有圆丘形头顶的肿头龙穿行在北美的泛滥平原，寻觅植物或挑战同类中的竞争者。

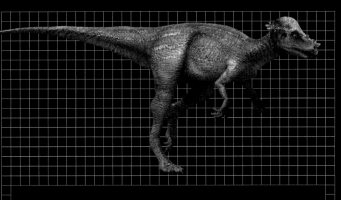

肿头龙是鸟臀目恐龙中最奇特的类群——肿头龙类中最典型的成员。可以通过这些植食者奇特的脑袋来识别它们：它的颅顶厚重，边上布满了一系列奇怪的尖刺、隆起和骨瘤。它们用两足行走，能跑得飞快。

00273019210001010100027301921000101510157301921000l015

骨质头顶

肿头龙坚固的颅顶的厚度达到了惊人的程度，足足有25厘米。与用角争斗的公羊相比，肿头龙头顶的穹形隆起更多是用于展示。

01027

潜在风险：中度

任何有攻击性的捕食者（例如霸王龙）都有被肿头龙厚重的脑袋猛烈撞击的风险。

体形

一人多高、身体却很长的恐龙。

体长：4~5米

身高：1.6~1.8米

体重：250~300千克

距离

2.2米·正在靠近·接近警报·博博博博

最快速度

25千米/小时

栖息地

北美，晚白垩世

肿头龙不同于三角龙和埃德蒙顿龙这样常见的植食性恐龙，它的化石在美国地狱溪组地层中较为少见。

化石发现

北美，晚白垩世

在地狱溪组地层中能找到肿头龙厚重的、圆屋顶般的头骨化石，但完整的骨架至今仍未发现。

装饰物展示

　　圆顶型的颅顶边缘随机环绕着小角突和骨质瘤。如果肿头龙感到受到威胁压力，它会用这些角突逼猎食者撤退。但通常情况下，这些装饰物都是用来吸引配偶或识别同类个体的。

恐 龙 末 日

6550万年前

正如我们现在所知道的，地球上没有永恒不变的事物，任何东西都在变化：板块在漂移，山脉隆起或下降，海洋扩张或收缩，不同物种来了又去。6550万年前发生的恐龙大灭绝，其规模的确引人注目，但也并非绝无仅有。不过，关于这个统治地球长达1.6亿年的成功物种突然消失的谜题，却一直困扰着人们。科学家们相信，一颗彗星或小行星撞击了现在的墨西哥，产生了相当于数千颗核弹爆炸的冲击力，激起的尘埃遮蔽了阳光，在全球范围内引起了剧烈的气候变化。

仅有少数可能躲藏在洞穴中的鸟类和哺乳类得以存活。恐龙灭绝后，遭受破坏的地球开始恢复，新的生命形式继续交替繁衍。事实上，如果恐龙未曾消失，现在人类统治世界的情况也就不可能发生。

词汇表

阿贝力龙类：食肉的兽脚类恐龙的一个类群，主要生活在白垩纪时期南部大陆（冈瓦纳）。代表性的种类包括阿贝力龙、食肉牛龙和玛君龙。

进步：动物具有的一种新特征或新特点，遗传自进化过程中相近的祖先。

甲龙类：甲龙亚目（具有护甲，类似坦克的恐龙）下的一个类群，以具骨质尾锤为特征，包括甲龙和包头龙。

甲龙亚目：鸟臀目（具有和鸟类相似的腰带）下的一个类群，以植食性、具有像坦克一样的身体，体表具有盾甲、骨板和棘刺为特点。甲龙亚目分为两个类群：甲龙类和结节龙类。

主龙类：所谓的"（构成）爬行动物的主体"，起源于三叠纪的主要爬行动物类群，包含了恐龙、鳄类、鸟类、翼龙和其他一些灭绝的类群。

两足行走：两条腿行走。

鲨齿龙类：兽脚类坚尾龙类中的一个类群，与异特龙较为接近，包括一些曾经存在过的个体最大的猎食者（如鲨齿龙和南方巨兽龙）。

肉食动物：以肉类为食的动物。

角龙类：即"长角的恐龙"，鸟臀目（具有和鸟类相似的腰带）下的一个类群，以植食性和头部具有角和颈盾为特征。

角鼻龙类：兽脚类（肉食性恐龙）中具有较原始特征的一个类群，包括角鼻龙和阿贝力龙类。

腔骨龙类：兽脚类（肉食性恐龙）中具有较原始特征的一个类群，生活在三叠纪和早侏罗世，包括腔骨龙和理理恩龙。

虚骨龙类：兽脚类（肉食性恐龙）中具有较进步特征的一个类群，具有许多似鸟类的特征，包括霸王龙、伤齿龙、驰龙和鸟类，都是从虚骨龙类中进化出来的。

同时代：生存在同一时期。例如，气龙和单脊龙生活在同一时代。

白垩纪：中生代（也被称为恐龙时代）的第三个纪，也是最后一个纪。在这一时期，肉食类的虚骨龙类、植食性的鸟臀类（鸟脚类和角龙类）和植食性巨龙蜥脚类统治着生态系统。

遗传衍生：见名词"进步"的解释。

恐龙：意为"恐怖的大蜥蜴"，是爬行类动物的一个类群，统治着中生代并进化成为现代鸟类。

梁龙类：长颈的蜥脚类恐龙的一个类群，包括整个侏罗纪期间常见的迷惑龙和梁龙。

多样化：进化成物种数量更多的类群。

驰龙类：虚骨龙类（似鸟的兽脚类）的一个类群，多数为小到中型的捕食者，具有增大的趾爪，包括恐爪龙、驰龙、小盗龙和迅猛龙。

生态系统：所有的生物和物理环境构成的统一整体。

世：见名词"纪"的解释。

进化：植物和动物随时间推移，转变成新的形式。

化石：早前地质时期的植物或动物的遗留物。

平常的：具有简单的身体外观，没有许多天生的武器、脊、装饰物或其他特征。

属：一群亲缘关系较为接近的种。例如，霸王龙属就是雷克斯霸王龙的属名。

冈瓦纳古陆：由现今非洲、北美、印度、澳大利亚和马达加斯加组成的大陆。它在泛大陆解体后从北方陆地（即劳亚古陆）脱离而形成。

栖息地：植物或动物的自然家园。

鸭嘴龙类："具有鸭嘴的恐龙"，为大型植食鸟脚类中的一个类群，具有蹄状趾和鸭嘴状吻端等特征。

植食动物：以植物为食的动物。

侏罗纪：中生代（也被称为恐龙时代）的第二个纪，这期间大型的角鼻龙类、肉食坚尾龙类以及植食蜥脚类恐龙统治着生态系统。

劳亚古陆：由现今北美、欧洲和亚洲组成的大型陆地。它在泛大陆解体后从南方陆地（即冈瓦纳古陆）脱离而形成。

0102734621021162B.83.9 01027346210273010638921O.948.6300011628.83.9 01027346210
273010638921O.948.6300011628.83.9 0102734621027301O6389210.948.6300011628.83.9

中生代：恐龙时代，地质年代可分为三叠纪、侏罗纪和白垩纪三个部分，中生代以其末期的恐龙（除鸟类外）灭绝事件而宣告结束。

杂食动物：包括肉类和植物在内，什么都吃的动物。

鸟臀类：髋骨类似鸟类的恐龙，是恐龙三大主要类群之一（其他为兽脚类和蜥脚类），因具有和鸟类类似的后倾骨盆而得名。该类群包括了许多植食性恐龙，例如剑龙类、甲龙类、角龙类和肿头龙类。

鸟脚类：鸟臀类恐龙（髋骨类似鸟类）的一个类群，以植物为食，自身也可分为若干类群，如禽龙类和鸭嘴龙类。

肿头龙类：头部呈"穹顶状"的恐龙，鸟臀类的一个类群（髋骨类似鸟类），其特征在于，具有一个难以置信的厚重圆丘状颅顶。

古生物学：一门研究包括恐龙在内的化石及远古生命的科学。

泛大陆：一块包含现今所有大陆的巨型陆地，存在于恐龙时代之前，三叠纪期间开始破碎分裂。

纪：地球历史的地质年代中的一段跨度。例如三叠纪、侏罗纪和白垩纪，这三个纪组成了恐龙时代。纪又可以分为世，还能进一步细分为期。

捕食者：猎捕和食用其他动物的肉食动物。

原始：动物的特征或性状是"过时的"，遗传自进行过程中较远

的祖先。

原蜥脚类：生活于三叠纪和早侏罗世的蜥脚类下的一个类群。它们以植物为食，具有长脖子、中等体型、有喙的小脑袋以及可以用两足或四足行走等特征。

翼龙类：主龙类的一个类群，俗称翼手龙类，在恐龙时代是会飞行爬行动物的主要类群。

劳氏鳄类：主龙类的一个子群，是三叠纪的大型猎食者，与鳄鱼亲缘关系较为接近。一些相似的大型肉食恐龙仅是它的远亲。

爬行动物：具有鳞片且卵生的脊椎动物。爬行动物包括鳄类、蛇和恐龙。作为从恐龙进化而来的鸟类，在分类学上同样归在爬行类中，尽管它们的外观看起来十分不同。

蜥脚类："长颈的恐龙"，蜥脚亚目中的一个类群，于三叠纪兴起，为晚侏罗世主要的植食性恐龙。它们的特点是具有庞大的躯体、极长的脖子和很小的脑袋，并且用四足行走。

种：能在一起繁殖后代、生生不息的一群生物，但不能与其他的物种繁殖。例如，"君王"就是"君王霸王龙"这一物种名的种名。

棘龙类：兽脚类坚尾龙类的一个类群，其特征在于背上长着类似于帆的棘状突起，可能具有吃鱼的习性。例如重爪龙、激龙和棘龙。

剑龙类："长着骨板的恐龙"，鸟臀类恐龙的一个类群，主要特征是沿着背部长有巨大的骨板，尾部具

有大的骨钉。

超大陆：巨大原始的大陆，例如泛大陆，最终分裂成为我们所知的一些小块大陆。

坚尾龙类：肉食性兽脚类的一个类群，具有进步的演化特征，如僵直的尾巴和退化得仅有三只指头的前肢。该类群包括异特龙和鸟类。

镰刀龙类：虚骨龙类（似鸟类的兽脚类）的一个类群，其特征主要是头骨上具有喙和适应啃食植物的牙齿、大的肚子、巨大的指爪和强壮的后肢，例如阿拉善龙。

兽脚类：恐龙三个重要类群之一（其他两个分别为蜥脚类和鸟臀类），包含了所有肉食性恐龙。兽脚类包括腔骨龙类、角鼻龙类、坚尾龙类、虚骨龙类和鸟类等类群。

巨龙类：蜥脚类（长脖子的那些）恐龙的一个类群，包括白垩纪时期冈瓦纳古陆尤为繁盛的阿根廷龙和萨尔塔龙。

三叠纪：中生代（也被称为恐龙时代）首个时期，恐龙在这个时期历经了起源、分化和遍布世界的整个过程。

霸王龙类：虚骨龙类（似鸟类的兽脚类）中的类群，生活于侏罗纪和白垩纪，包括一些怪兽般的肉食动物，如霸王龙。

脊椎动物：具有脊椎的动物。脊柱上的单块骨骼被称为"椎骨"。

作者致谢

作者感谢Quercus出版社的Richard Green 及其顾问Mark Novell、Mike Benton和Paul Sereno，妻子Anne，父母Jim和Roxanne，以及兄弟Mike和Chris。

译者致谢

首先，感谢本书作者史蒂夫·布鲁萨特和Quercus出版社为中国爱好恐龙的读者带来这本精彩的图册。同时，也感谢翻译过程中给予我帮助的家人和朋友。恰逢斯皮尔伯格执导的电影《侏罗纪公园》时隔20年后，借助3D技术重返IMAX屏幕。最后感谢人民邮电出版社，让当年痴迷这部电影的少年有幸翻译此书，圆儿时一个梦想。

译 者

2013年10月于新疆克拉玛依

译者简介

贾程凯

地质科研人员，在中国科学院古脊椎动物与古人类研究所取得古生物学硕士学位，目前在新疆克拉玛依从事地层古生物研究工作，曾参与新疆奇台五彩湾、乌尔禾、宁夏灵武等地一系列古生物考察挖掘工作，发现了新疆准噶尔盆地最原始的恐龙及鸟类足迹化石，命名了该地区最原始的剑龙。

邢立达

青年古生物学者，科普作家。高中时期便创建恐龙网站。在加拿大阿尔伯塔大学取得古生物学硕士学位，师从著名古生物学家Philip J. Currie院士。目前在中国地质大学（北京）任副教授。中国科普作家协会会员，出版过一批古生物科普书籍，并多次在CCTV为公众介绍古生物知识。